けいさん せんもんドリル

1年

JN131621

1年	くみ

特色と使い方

● このドリルは、計算力を付けるための計算問題をせんもんにあつかったドリルです。

● 教科書ぴったりトレーニングに、このドリルの何ページをすればよいのかが書いてあります。教科書ぴったりトレーニングにあわせてお使いください。

🐾 もくじ 🐾

🏠 **おうちのかたへ**

・お子さまがお使いの教科書や学校の学習状況により、ドリルのページが前後したり、学習されていない問題が含まれている場合がございます。お子さまの学習状況に応じてお使いください。

・お子さまがお使いの教科書により、教科書ぴったりトレーニングと対応していないページがある場合がございますが、お子さまの興味・関心に応じてお使いください。

1 けいさんを しましょう。

月　日

① 1＋2＝□　　② 2＋6＝□

③ 7＋3＝□　　④ 5＋5＝□

⑤ 4＋1＝□　　⑥ 3＋5＝□

⑦ 2＋3＝□　　⑧ 1＋7＝□

⑨ 4＋6＝□　　⑩ 8＋1＝□

2 けいさんを しましょう。

月　日

① 5＋2＝□　　② 1＋3＝□

③ 2＋8＝□　　④ 6＋3＝□

⑤ 1＋5＝□　　⑥ 4＋4＝□

⑦ 3＋3＝□　　⑧ 6＋1＝□

⑨ 4＋2＝□　　⑩ 3＋7＝□

1 けいさんを しましょう。

月　　日

① 7+1=

② 3+6=

③ 2+5=

④ 8+2=

⑤ 1+1=

⑥ 5+4=

⑦ 2+2=

⑧ 4+3=

⑨ 1+9=

⑩ 6+2=

2 けいさんを しましょう。

月　　日

① 3+1=

② 6+4=

③ 7+2=

④ 2+1=

⑤ 5+3=

⑥ 1+6=

⑦ 2+4=

⑧ 5+1=

⑨ 1+8=

⑩ 3+2=

3 10までの たしざん③

★ できた もんだいには、「た」を かこう！
でき 1 ○ でき 2 ○

1 けいさんを しましょう。

月　　日

① 4＋1＝□　　② 3＋7＝□

③ 6＋3＝□　　④ 8＋1＝□

⑤ 1＋5＝□　　⑥ 4＋6＝□

⑦ 4＋4＝□　　⑧ 5＋2＝□

⑨ 1＋2＝□　　⑩ 2＋8＝□

2 けいさんを しましょう。

月　　日

① 4＋2＝□　　② 3＋4＝□

③ 5＋5＝□　　④ 1＋7＝□

⑤ 6＋1＝□　　⑥ 2＋7＝□

⑦ 9＋1＝□　　⑧ 2＋3＝□

⑨ 4＋5＝□　　⑩ 1＋3＝□

4 10までの たしざん④

1 けいさんを しましょう。　月　日

①　3＋3＝ □

②　1＋9＝ □

③　2＋6＝ □

④　5＋4＝ □

⑤　7＋3＝ □

⑥　4＋1＝ □

⑦　3＋5＝ □

⑧　1＋1＝ □

⑨　7＋1＝ □

⑩　6＋4＝ □

2 けいさんを しましょう。　月　日

①　1＋6＝ □

②　8＋2＝ □

③　4＋3＝ □

④　1＋8＝ □

⑤　2＋2＝ □

⑥　3＋1＝ □

⑦　5＋5＝ □

⑧　7＋2＝ □

⑨　2＋4＝ □

⑩　3＋6＝ □

5 10までの ひきざん①

1 けいさんを しましょう。

月　　日

① 8−5=☐　　② 10−3=☐

③ 6−1=☐　　④ 8−6=☐

⑤ 10−2=☐　　⑥ 7−5=☐

⑦ 9−6=☐　　⑧ 5−2=☐

⑨ 4−3=☐　　⑩ 6−4=☐

2 けいさんを しましょう。

月　　日

① 5−4=☐　　② 10−7=☐

③ 3−1=☐　　④ 7−6=☐

⑤ 8−4=☐　　⑥ 6−3=☐

⑦ 9−8=☐　　⑧ 8−1=☐

⑨ 10−5=☐　　⑩ 8−3=☐

1 けいさんを しましょう。

月　　日

① 8−2 =

② 8−7 =

③ 10−9 =

④ 9−4 =

⑤ 6−2 =

⑥ 3−2 =

⑦ 7−3 =

⑧ 10−1 =

⑨ 4−2 =

⑩ 2−1 =

2 けいさんを しましょう。

月　　日

① 9−7 =

② 7−1 =

③ 5−3 =

④ 10−6 =

⑤ 9−1 =

⑥ 9−5 =

⑦ 4−1 =

⑧ 7−4 =

⑨ 10−8 =

⑩ 9−3 =

7 **10までの ひきざん③**

★できた もんだいには、「た」を かこう！
1 でき　2 でき

1 けいさんを しましょう。

月　日

① 7－2＝

② 4－1＝

③ 8－5＝

④ 3－2＝

⑤ 6－1＝

⑥ 8－4＝

⑦ 10－4＝

⑧ 5－3＝

⑨ 8－6＝

⑩ 9－6＝

2 けいさんを しましょう。

月　日

① 5－4＝

② 3－1＝

③ 6－4＝

④ 10－2＝

⑤ 5－2＝

⑥ 6－5＝

⑦ 10－3＝

⑧ 8－1＝

⑨ 9－8＝

⑩ 7－5＝

1 けいさんを しましょう。

月　　　日

① 10−5=
② 4−2=
③ 5−1=
④ 10−8=
⑤ 8−7=
⑥ 6−3=
⑦ 8−3=
⑧ 10−7=
⑨ 7−3=
⑩ 8−2=

2 けいさんを しましょう。

月　　　日

① 6−2=
② 9−7=
③ 4−3=
④ 9−2=
⑤ 7−1=
⑥ 9−4=
⑦ 2−1=
⑧ 7−6=
⑨ 9−5=
⑩ 10−1=

1 けいさんを しましょう。

　月　　日

① 4＋0＝□

② 8＋0＝□

③ 1＋0＝□

④ 3＋0＝□

⑤ 9＋0＝□

⑥ 0＋7＝□

⑦ 0＋2＝□

⑧ 0＋5＝□

⑨ 0＋6＝□

⑩ 0＋0＝□

2 けいさんを しましょう。

　月　　日

① 2－2＝□

② 9－9＝□

③ 5－5＝□

④ 7－7＝□

⑤ 6－6＝□

⑥ 4－0＝□

⑦ 1－0＝□

⑧ 8－0＝□

⑨ 3－0＝□

⑩ 0－0＝□

1 けいさんを しましょう。

月　　日

① $10+5=$

② $10+2=$

③ $10+8=$

④ $10+3=$

⑤ $10+7=$

⑥ $11-1=$

⑦ $16-6=$

⑧ $14-4=$

⑨ $17-7=$

⑩ $15-5=$

2 けいさんを しましょう。

月　　日

① $14+1=$

② $17+2=$

③ $12+5=$

④ $11+7=$

⑤ $13+6=$

⑥ $14-2=$

⑦ $17-3=$

⑧ $15-4=$

⑨ $16-5=$

⑩ $18-3=$

11 たしざんと ひきざん②

★できた もんだいには、
「た」を かこう！
でき 1 ◯ でき 2 ◯

1 けいさんを しましょう。　　　　月　　日

① 10＋4＝ ☐　　　② 10＋6＝ ☐

③ 10＋1＝ ☐　　　④ 10＋7＝ ☐

⑤ 10＋9＝ ☐　　　⑥ 13－3＝ ☐

⑦ 18－8＝ ☐　　　⑧ 19－9＝ ☐

⑨ 12－2＝ ☐　　　⑩ 16－6＝ ☐

2 けいさんを しましょう。　　　　月　　日

① 15＋2＝ ☐　　　② 13＋4＝ ☐

③ 16＋3＝ ☐　　　④ 18＋1＝ ☐

⑤ 12＋3＝ ☐　　　⑥ 12－1＝ ☐

⑦ 15－2＝ ☐　　　⑧ 18－4＝ ☐

⑨ 13－2＝ ☐　　　⑩ 17－6＝ ☐

12 3つの かずの けいさん①

1 けいさんを しましょう。

月　　日

① 5＋1＋2＝ ☐　　② 2＋2＋3＝ ☐

③ 1＋6＋1＝ ☐　　④ 7＋3＋4＝ ☐

⑤ 2＋8＋6＝ ☐　　⑥ 7－2－1＝ ☐

⑦ 9－5－2＝ ☐　　⑧ 10－6－2＝ ☐

⑨ 18－8－4＝ ☐　　⑩ 12－2－3＝ ☐

2 けいさんを しましょう。

月　　日

① 9－8＋5＝ ☐　　② 8－4＋2＝ ☐

③ 10－7＋6＝ ☐　　④ 14－4＋2＝ ☐

⑤ 16－3＋4＝ ☐　　⑥ 4＋3－5＝ ☐

⑦ 8＋1－6＝ ☐　　⑧ 5＋5－8＝ ☐

⑨ 10＋9－6＝ ☐　　⑩ 13＋2－4＝ ☐

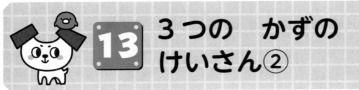

13 3つの かずの けいさん②

1 けいさんを しましょう。 　　　月　　日

① 4＋1＋4＝ ☐ 　　② 2＋3＋3＝ ☐

③ 5＋5＋5＝ ☐ 　　④ 4＋6＋3＝ ☐

⑤ 9＋1＋7＝ ☐ 　　⑥ 8－3－3＝ ☐

⑦ 9－4－1＝ ☐ 　　⑧ 10－5－2＝ ☐

⑨ 16－6－5＝ ☐ 　　⑩ 17－7－6＝ ☐

2 けいさんを しましょう。 　　　月　　日

① 7－2＋4＝ ☐ 　　② 4－1＋4＝ ☐

③ 10－5＋4＝ ☐ 　　④ 12－2＋9＝ ☐

⑤ 18－5＋3＝ ☐ 　　⑥ 3＋6－7＝ ☐

⑦ 2＋4－3＝ ☐ 　　⑧ 1＋9－3＝ ☐

⑨ 10＋7－4＝ ☐ 　　⑩ 12＋7－6＝ ☐

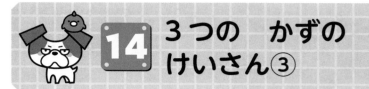

1 けいさんを しましょう。

月　　日

① $4+2+2=$ ☐

② $1+1+7=$ ☐

③ $3+7+9=$ ☐

④ $8+2+9=$ ☐

⑤ $5+5+2=$ ☐

⑥ $6-2-3=$ ☐

⑦ $7-4-2=$ ☐

⑧ $10-3-5=$ ☐

⑨ $15-5-1=$ ☐

⑩ $19-5-4=$ ☐

2 けいさんを しましょう。

月　　日

① $9-6+5=$ ☐

② $6-2+1=$ ☐

③ $10-6+4=$ ☐

④ $14-4+5=$ ☐

⑤ $17-6+1=$ ☐

⑥ $4+4-6=$ ☐

⑦ $6+2-1=$ ☐

⑧ $7+3-2=$ ☐

⑨ $10+4-1=$ ☐

⑩ $14+3-5=$ ☐

15 くりあがりの　ある
たしざん①

★できた　もんだいには、
「た」を　かこう！
でき 1　　でき 2

1 けいさんを　しましょう。

月　　　日

① $9+5=$ 　　② $6+5=$

③ $8+7=$ 　　④ $7+4=$

⑤ $9+8=$ 　　⑥ $3+9=$

⑦ $7+7=$ 　　⑧ $5+8=$

⑨ $9+3=$ 　　⑩ $6+9=$

2 けいさんを　しましょう。

月　　　日

① $5+6=$ 　　② $8+6=$

③ $9+7=$ 　　④ $3+8=$

⑤ $8+5=$ 　　⑥ $9+2=$

⑦ $4+9=$ 　　⑧ $7+6=$

⑨ $8+9=$ 　　⑩ $5+7=$

16 くりあがりの ある たしざん②

1 けいさんを しましょう。

月　日

① 9＋4＝

② 7＋9＝

③ 4＋7＝

④ 6＋8＝

⑤ 8＋8＝

⑥ 7＋5＝

⑦ 8＋4＝

⑧ 2＋9＝

⑨ 9＋6＝

⑩ 6＋7＝

2 けいさんを しましょう。

月　日

① 7＋8＝

② 9＋3＝

③ 4＋8＝

④ 9＋5＝

⑤ 6＋6＝

⑥ 5＋8＝

⑦ 8＋7＝

⑧ 3＋8＝

⑨ 7＋7＝

⑩ 8＋9＝

17 くりあがりの ある たしざん③

1 けいさんを しましょう。

月　　日

① 8+4=
② 5+7=
③ 3+9=
④ 9+8=
⑤ 7+6=
⑥ 6+9=
⑦ 9+9=
⑧ 5+6=
⑨ 9+4=
⑩ 7+8=

2 けいさんを しましょう。

月　　日

① 2+9=
② 7+5=
③ 6+7=
④ 4+9=
⑤ 8+6=
⑥ 5+9=
⑦ 8+3=
⑧ 9+6=
⑨ 8+8=
⑩ 9+2=

1 けいさんを　しましょう。

月　　日

① 8＋3＝

② 6＋6＝

③ 8＋7＝

④ 7＋5＝

⑤ 9＋6＝

⑥ 8＋9＝

⑦ 9＋7＝

⑧ 3＋9＝

⑨ 9＋4＝

⑩ 6＋8＝

2 けいさんを　しましょう。

月　　日

① 5＋9＝

② 4＋7＝

③ 7＋9＝

④ 8＋5＝

⑤ 9＋3＝

⑥ 5＋6＝

⑦ 8＋8＝

⑧ 2＋9＝

⑨ 6＋7＝

⑩ 7＋8＝

19　くりあがりの ある たしざん⑤

1 けいさんを しましょう。　　　　月　　日

①　9＋9＝□　　　　②　5＋7＝□

③　8＋6＝□　　　　④　3＋8＝□

⑤　6＋5＝□　　　　⑥　7＋6＝□

⑦　9＋8＝□　　　　⑧　4＋8＝□

⑨　7＋4＝□　　　　⑩　5＋9＝□

2 けいさんを しましょう。　　　　月　　日

①　9＋6＝□　　　　②　7＋8＝□

③　3＋9＝□　　　　④　9＋4＝□

⑤　5＋8＝□　　　　⑥　7＋9＝□

⑦　6＋7＝□　　　　⑧　9＋5＝□

⑨　8＋9＝□　　　　⑩　5＋6＝□

★ できた　もんだいには、
「た」を　かこう！

1 でき　2 でき

1 けいさんを　しましょう。

月　　日

① 8＋5＝

② 7＋4＝

③ 6＋6＝

④ 3＋8＝

⑤ 7＋6＝

⑥ 9＋7＝

⑦ 6＋9＝

⑧ 4＋8＝

⑨ 7＋5＝

⑩ 8＋7＝

2 けいさんを　しましょう。

月　　日

① 6＋8＝

② 9＋9＝

③ 8＋4＝

④ 4＋9＝

⑤ 9＋3＝

⑥ 6＋5＝

⑦ 7＋7＝

⑧ 9＋2＝

⑨ 8＋3＝

⑩ 4＋7＝

21　くりあがりの　ある　たしざん⑦

1 けいさんを　しましょう。　　月　　日

① 4＋7＝□　　② 9＋9＝□

③ 7＋7＝□　　④ 9＋2＝□

⑤ 8＋3＝□　　⑥ 4＋9＝□

⑦ 6＋8＝□　　⑧ 7＋4＝□

⑨ 8＋8＝□　　⑩ 5＋9＝□

2 けいさんを　しましょう。　　月　　日

① 6＋5＝□　　② 8＋5＝□

③ 2＋9＝□　　④ 9＋8＝□

⑤ 6＋9＝□　　⑥ 4＋8＝□

⑦ 7＋9＝□　　⑧ 5＋7＝□

⑨ 6＋6＝□　　⑩ 9＋5＝□

22 くりさがりの ある ひきざん①

1 けいさんを しましょう。 月 日

① 15−8 =

② 11−3 =

③ 13−5 =

④ 12−6 =

⑤ 15−7 =

⑥ 12−4 =

⑦ 13−8 =

⑧ 16−8 =

⑨ 11−4 =

⑩ 12−8 =

2 けいさんを しましょう。 月 日

① 17−8 =

② 14−9 =

③ 11−7 =

④ 12−9 =

⑤ 13−6 =

⑥ 11−2 =

⑦ 15−9 =

⑧ 12−7 =

⑨ 14−6 =

⑩ 16−7 =

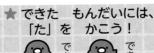

23 くりさがりの ある ひきざん②

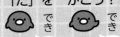

★ できた もんだいには、「た」を かこう！

1 けいさんを しましょう。

月 日

① 15−7＝ □

② 11−2＝ □

③ 13−9＝ □

④ 14−6＝ □

⑤ 11−4＝ □

⑥ 13−8＝ □

⑦ 12−3＝ □

⑧ 13−4＝ □

⑨ 15−9＝ □

⑩ 14−7＝ □

2 けいさんを しましょう。

月 日

① 12−6＝ □

② 13−5＝ □

③ 11−8＝ □

④ 16−7＝ □

⑤ 14−5＝ □

⑥ 16−9＝ □

⑦ 12−7＝ □

⑧ 17−8＝ □

⑨ 15−8＝ □

⑩ 12−9＝ □

24 くりさがりの ある ひきざん③

1 けいさんを しましょう。 月 日

① 11−4=

② 12−5=

③ 16−9=

④ 15−8=

⑤ 12−8=

⑥ 11−6=

⑦ 12−4=

⑧ 17−9=

⑨ 12−6=

⑩ 14−7=

2 けいさんを しましょう。 月 日

① 11−8=

② 12−9=

③ 14−6=

④ 18−9=

⑤ 11−3=

⑥ 14−8=

⑦ 15−6=

⑧ 13−7=

⑨ 13−4=

⑩ 11−7=

1 けいさんを　しましょう。

月　　日

① 16−8＝ □

② 11−9＝ □

③ 11−6＝ □

④ 15−9＝ □

⑤ 12−3＝ □

⑥ 11−8＝ □

⑦ 14−5＝ □

⑧ 14−6＝ □

⑨ 13−9＝ □

⑩ 15−7＝ □

2 けいさんを　しましょう。

月　　日

① 12−7＝ □

② 13−6＝ □

③ 11−4＝ □

④ 14−8＝ □

⑤ 13−4＝ □

⑥ 11−2＝ □

⑦ 18−9＝ □

⑧ 11−5＝ □

⑨ 16−7＝ □

⑩ 12−8＝ □

1 けいさんを　しましょう。

月　　日

① 18−9= ☐

② 12−5= ☐

③ 17−8= ☐

④ 12−6= ☐

⑤ 13−7= ☐

⑥ 16−9= ☐

⑦ 11−3= ☐

⑧ 13−8= ☐

⑨ 15−6= ☐

⑩ 14−8= ☐

2 けいさんを　しましょう。

月　　日

① 13−5= ☐

② 12−9= ☐

③ 14−7= ☐

④ 11−7= ☐

⑤ 17−9= ☐

⑥ 12−4= ☐

⑦ 11−5= ☐

⑧ 15−8= ☐

⑨ 14−9= ☐

⑩ 11−6= ☐

27 くりさがりの　ある　ひきざん⑥

1 けいさんを　しましょう。 | 月　日

① 14−9＝ ☐ ② 11−5＝ ☐

③ 13−6＝ ☐ ④ 16−7＝ ☐

⑤ 11−6＝ ☐ ⑥ 13−9＝ ☐

⑦ 12−3＝ ☐ ⑧ 16−8＝ ☐

⑨ 15−7＝ ☐ ⑩ 14−5＝ ☐

2 けいさんを　しましょう。 | 月　日

① 12−4＝ ☐ ② 11−7＝ ☐

③ 13−7＝ ☐ ④ 17−9＝ ☐

⑤ 14−8＝ ☐ ⑥ 13−5＝ ☐

⑦ 11−9＝ ☐ ⑧ 12−5＝ ☐

⑨ 15−6＝ ☐ ⑩ 12−8＝ ☐

1 けいさんを しましょう。

月　日

① 11−5＝ ☐

② 16−8＝ ☐

③ 13−6＝ ☐

④ 15−9＝ ☐

⑤ 12−3＝ ☐

⑥ 14−5＝ ☐

⑦ 17−9＝ ☐

⑧ 11−8＝ ☐

⑨ 12−7＝ ☐

⑩ 18−9＝ ☐

2 けいさんを しましょう。

月　日

① 13−9＝ ☐

② 15−6＝ ☐

③ 11−3＝ ☐

④ 12−5＝ ☐

⑤ 14−7＝ ☐

⑥ 13−8＝ ☐

⑦ 11−9＝ ☐

⑧ 16−9＝ ☐

⑨ 13−4＝ ☐

⑩ 17−8＝ ☐

29 なんじゅうの けいさん

1 けいさんを しましょう。

月　　日

① 50＋20＝ 　　　　　　② 10＋70＝

③ 60＋40＝ 　　　　　　④ 30＋30＝

⑤ 80＋10＝ 　　　　　　⑥ 20＋60＝

⑦ 40＋50＝ 　　　　　　⑧ 70＋20＝

⑨ 90＋10＝ 　　　　　　⑩ 30＋40＝

2 けいさんを しましょう。

月　　日

① 70－40＝ 　　　　　　② 30－20＝

③ 80－50＝ 　　　　　　④ 90－30＝

⑤ 40－10＝ 　　　　　　⑥ 100－60＝

⑦ 50－30＝ 　　　　　　⑧ 60－20＝

⑨ 70－50＝ 　　　　　　⑩ 100－50＝

1 けいさんを　しましょう。

月　　日

① 60+2= ☐

② 20+5= ☐

③ 30+8= ☐

④ 90+6= ☐

⑤ 50+7= ☐

⑥ 70+1= ☐

⑦ 80+8= ☐

⑧ 40+9= ☐

⑨ 20+3= ☐

⑩ 60+4= ☐

2 けいさんを　しましょう。

月　　日

① 52−2= ☐

② 24−4= ☐

③ 81−1= ☐

④ 79−9= ☐

⑤ 27−7= ☐

⑥ 66−6= ☐

⑦ 45−5= ☐

⑧ 93−3= ☐

⑨ 58−8= ☐

⑩ 35−5= ☐

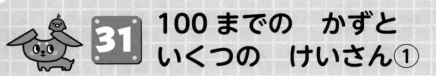

31 100 までの　かずと
いくつの　けいさん①

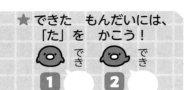

★ できた　もんだいには、
「た」を　かこう！
でき **1**　　でき **2**

1 けいさんを　しましょう。

月　　日

① 36＋1＝

② 53＋6＝

③ 82＋2＝

④ 23＋4＝

⑤ 66＋3＝

⑥ 92＋7＝

⑦ 44＋4＝

⑧ 75＋2＝

⑨ 33＋5＝

⑩ 57＋1＝

2 けいさんを　しましょう。

月　　日

① 39－5＝

② 85－3＝

③ 58－5＝

④ 29－8＝

⑤ 73－1＝

⑥ 98－2＝

⑦ 49－7＝

⑧ 65－1＝

⑨ 38－3＝

⑩ 88－6＝

1 けいさんを　しましょう。

月　　日

① 84＋5＝

② 41＋8＝

③ 55＋1＝

④ 72＋4＝

⑤ 33＋3＝

⑥ 86＋2＝

⑦ 72＋6＝

⑧ 25＋3＝

⑨ 67＋1＝

⑩ 94＋3＝

2 けいさんを　しましょう。

月　　日

① 52－1＝

② 67－3＝

③ 26－3＝

④ 99－6＝

⑤ 84－1＝

⑥ 27－5＝

⑦ 66－5＝

⑧ 35－2＝

⑨ 79－4＝

⑩ 48－7＝

こたえ

1　10までの　たしざん①

1
① 3　　②8
③ 10　④ 10
⑤ 5　　⑥8
⑦ 5　　⑧8
⑨ 10　⑩9

2
① 7　　②4
③ 10　④9
⑤ 6　　⑥8
⑦ 6　　⑧7
⑨ 6　　⑩ 10

2　10までの　たしざん②

1
① 8　　②9
③ 7　　④ 10
⑤ 2　　⑥9
⑦ 4　　⑧7
⑨ 10　⑩8

2
① 4　　②10
③ 9　　④3
⑤ 8　　⑥7
⑦ 6　　⑧6
⑨ 9　　⑩5

3　10までの　たしざん③

1
① 5　　②10
③ 9　　④9
⑤ 6　　⑥10
⑦ 8　　⑧7
⑨ 3　　⑩10

2
① 6　　②7
③ 10　④8
⑤ 7　　⑥9
⑦ 10　⑧5
⑨ 9　　⑩4

4　10までの　たしざん④

1
① 6　　②10
③ 8　　④9
⑤ 10　⑥5

⑦ 8　　⑧2
⑨ 8　　⑩ 10

2
① 7　　②10
③ 7　　④9
⑤ 4　　⑥4
⑦ 10　⑧9
⑨ 6　　⑩9

5　10までの　ひきざん①

1
① 3　　②7
③ 5　　④2
⑤ 8　　⑥2
⑦ 3　　⑧3
⑨ 1　　⑩2

2
① 1　　②3
③ 2　　④1
⑤ 4　　⑥3
⑦ 1　　⑧7
⑨ 5　　⑩5

6　10までの　ひきざん②

1
① 6　　②1
③ 1　　④5
⑤ 4　　⑥1
⑦ 4　　⑧9
⑨ 2　　⑩1

2
① 2　　②6
③ 2　　④4
⑤ 8　　⑥4
⑦ 3　　⑧3
⑨ 2　　⑩6

7　10までの　ひきざん③

1
① 5　　②3
③ 3　　④1
⑤ 5　　⑥4
⑦ 6　　⑧2
⑨ 2　　⑩3

2 ①1 ②2 ③2 ④8 ⑤3 ⑥1 ⑦7 ⑧7 ⑨1 ⑩2

8 10までの ひきざん④

1 ①5 ②2 ③4 ④2 ⑤1 ⑥3 ⑦5 ⑧3 ⑨4 ⑩6

2 ①4 ②2 ③1 ④7 ⑤6 ⑥5 ⑦1 ⑧1 ⑨4 ⑩9

9 0の たしざんと ひきざん

1 ①4 ②8 ③1 ④3 ⑤9 ⑥7 ⑦2 ⑧5 ⑨6 ⑩0

2 ①0 ②0 ③0 ④0 ⑤0 ⑥4 ⑦1 ⑧8 ⑨3 ⑩0

10 たしざんと ひきざん①

1 ①15 ②12 ③18 ④13 ⑤17 ⑥10 ⑦10 ⑧10 ⑨10 ⑩10

2 ①15 ②19 ③17 ④18 ⑤19 ⑥12 ⑦14 ⑧11 ⑨11 ⑩15

11 たしざんと ひきざん②

1 ①14 ②16 ③11 ④17 ⑤19 ⑥10 ⑦10 ⑧10 ⑨10 ⑩10

2 ①17 ②17 ③19 ④19 ⑤15 ⑥11 ⑦13 ⑧14 ⑨11 ⑩11

12 3つの かずの けいさん①

1 ①8 ②7 ③8 ④14 ⑤16 ⑥4 ⑦2 ⑧2 ⑨6 ⑩7

2 ①6 ②6 ③9 ④12 ⑤17 ⑥2 ⑦3 ⑧2 ⑨13 ⑩11

13 3つの かずの けいさん②

1 ①9 ②8 ③15 ④13 ⑤17 ⑥2 ⑦4 ⑧3 ⑨5 ⑩4

2 ①9 ②7 ③9 ④19 ⑤16 ⑥2 ⑦3 ⑧7 ⑨13 ⑩13

14 3つの かずの けいさん③

1 ①8 ②9 ③19 ④19 ⑤12 ⑥1 ⑦1 ⑧2 ⑨9 ⑩10

2
①8 ②5
③8 ④15
⑤12 ⑥2
⑦7 ⑧8
⑨13 ⑩12

15 くりあがりの ある たしざん①
1
①14 ②11
③15 ④11
⑤17 ⑥12
⑦14 ⑧13
⑨12 ⑩15
2
①11 ②14
③16 ④11
⑤13 ⑥11
⑦13 ⑧13
⑨17 ⑩12

16 くりあがりの ある たしざん②
1
①13 ②16
③11 ④14
⑤16 ⑥12
⑦12 ⑧11
⑨15 ⑩13
2
①15 ②12
③12 ④14
⑤12 ⑥13
⑦15 ⑧11
⑨14 ⑩17

17 くりあがりの ある たしざん③
1
①12 ②12
③12 ④17
⑤13 ⑥15
⑦18 ⑧11
⑨13 ⑩15
2
①11 ②12
③13 ④13
⑤14 ⑥14
⑦11 ⑧15
⑨16 ⑩11

18 くりあがりの ある たしざん④
1
①11 ②12
③15 ④12
⑤15 ⑥17
⑦16 ⑧12
⑨13 ⑩14
2
①14 ②11
③16 ④13
⑤12 ⑥11
⑦16 ⑧11
⑨13 ⑩15

19 くりあがりの ある たしざん⑤
1
①18 ②12
③14 ④11
⑤11 ⑥13
⑦17 ⑧12
⑨11 ⑩14
2
①15 ②15
③12 ④13
⑤13 ⑥16
⑦13 ⑧14
⑨17 ⑩11

20 くりあがりの ある たしざん⑥
1
①13 ②11
③12 ④11
⑤13 ⑥16
⑦15 ⑧12
⑨12 ⑩15
2
①14 ②18
③12 ④13
⑤12 ⑥11
⑦14 ⑧11
⑨11 ⑩11

21 くりあがりの ある たしざん⑦
1
①11 ②18
③14 ④11
⑤11 ⑥13
⑦14 ⑧11
⑨16 ⑩14

2	①11	②13
	③11	④17
	⑤15	⑥12
	⑦16	⑧12
	⑨12	⑩14

22 くりさがりの　ある　ひきざん①

1	①7	②8
	③8	④6
	⑤8	⑥8
	⑦5	⑧8
	⑨7	⑩4
2	①9	②5
	③4	④3
	⑤7	⑥9
	⑦6	⑧5
	⑨8	⑩9

23 くりさがりの　ある　ひきざん②

1	①8	②9
	③4	④8
	⑤7	⑥5
	⑦9	⑧9
	⑨6	⑩7
2	①6	②8
	③3	④9
	⑤9	⑥7
	⑦5	⑧9
	⑨7	⑩3

24 くりさがりの　ある　ひきざん③

1	①7	②7
	③7	④7
	⑤4	⑥5
	⑦8	⑧8
	⑨6	⑩7
2	①3	②3
	③8	④9
	⑤8	⑥6
	⑦9	⑧6
	⑨9	⑩4

25 くりさがりの　ある　ひきざん④

1	①8	②2
	③5	④6
	⑤9	⑥3
	⑦9	⑧8
	⑨4	⑩8
2	①5	②7
	③7	④6
	⑤9	⑥9
	⑦9	⑧6
	⑨9	⑩4

26 くりさがりの　ある　ひきざん⑤

1	①9	②7
	③9	④6
	⑤6	⑥7
	⑦8	⑧5
	⑨9	⑩6
2	①8	②3
	③7	④4
	⑤8	⑥8
	⑦6	⑧7
	⑨5	⑩5

27 くりさがりの　ある　ひきざん⑥

1	①5	②6
	③7	④9
	⑤5	⑥4
	⑦9	⑧8
	⑨8	⑩9
2	①8	②4
	③6	④8
	⑤6	⑥8
	⑦2	⑧7
	⑨9	⑩4

28 くりさがりの　ある　ひきざん⑦

1	①6	②8
	③7	④6
	⑤9	⑥9
	⑦8	⑧3
	⑨5	⑩9

2 ①4 ②9
③8 ④7
⑤7 ⑥5
⑦2 ⑧7
⑨9 ⑩9

29 なんじゅうの けいさん

1 ①70 ②80
③100 ④60
⑤90 ⑥80
⑦90 ⑧90
⑨100 ⑩70
2 ①30 ②10
③30 ④60
⑤30 ⑥40
⑦20 ⑧40
⑨20 ⑩50

30 なんじゅうと いくつの けいさん

1 ①62 ②25
③38 ④96
⑤57 ⑥71
⑦88 ⑧49
⑨23 ⑩64
2 ①50 ②20
③80 ④70
⑤20 ⑥60
⑦40 ⑧90
⑨50 ⑩30

31 100までの かずと いくつの けいさん①

1 ①37 ②59
③84 ④27
⑤69 ⑥99
⑦48 ⑧77
⑨38 ⑩58
2 ①34 ②82
③53 ④21
⑤72 ⑥96
⑦42 ⑧64
⑨35 ⑩82

32 100までの かずと いくつの けいさん②

1 ①89 ②49
③56 ④76
⑤36 ⑥88
⑦78 ⑧28
⑨68 ⑩97
2 ①51 ②64
③23 ④93
⑤83 ⑥22
⑦61 ⑧33
⑨75 ⑩41

教科書ぴったりトレーニング

はなまるシール

- ふろくの「がんばり表」につかおう！
- はじめに、キミのおとも犬をえらんで、がんばり表にはろう！
- がくしゅうがおわったら、がんばり表に「はなまるシール」をはろう！
- あまったシールはじゆうにつかってね。

キミのおとも犬

げんき いっぱい おにく だいすき！
つっこみやく みんなの おせわがかり
ちょっと こわがり さいねんしょう
おっとり どくしょが すき
やさしくて ものしり みんなの せんせい

はなまるシール

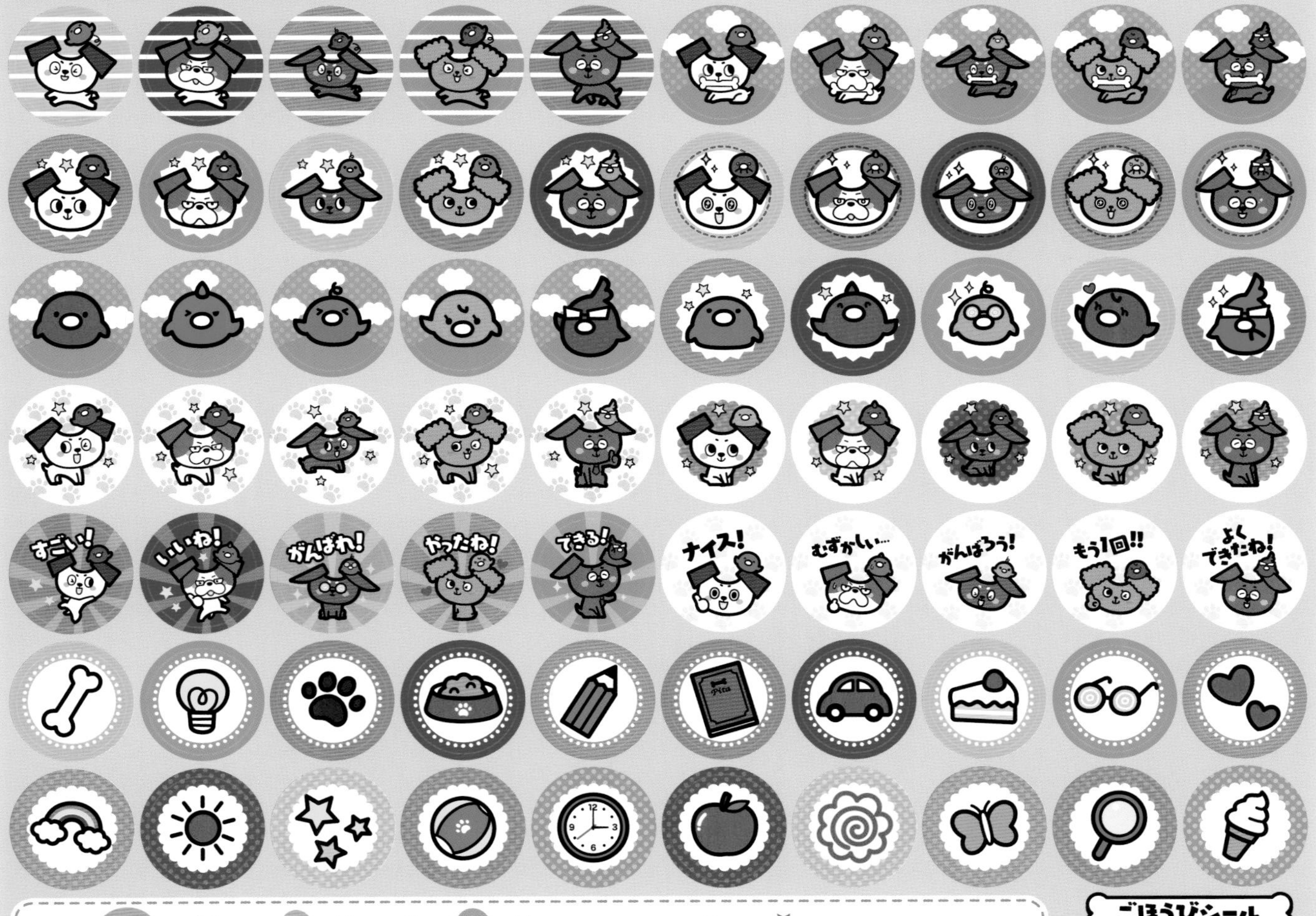
すごい！
いいね！
がんばれ！
やったね！
できる！
ナイス！
むずかしい…
がんばろう！
もう1回!!
よく できたね！

こくご
国語
さんすう
算数
ごほうびシール
よくできました

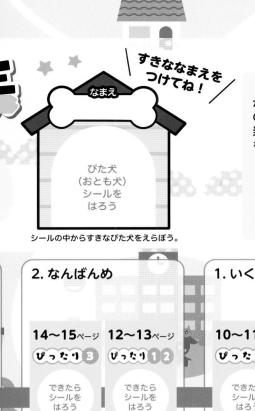

すきななまえを
つけてね！

なまえ

ぴた犬
（おとも犬）
シールを
はろう

シールの中からすきなぴた犬をえらぼう。

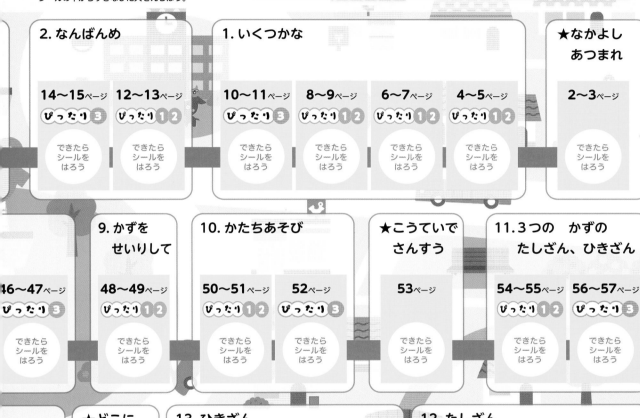

2. なんばんめ

14〜15ページ ぴったり3 できたらシールをはろう

12〜13ページ ぴったり12 できたらシールをはろう

1. いくつかな

10〜11ページ ぴったり3 できたらシールをはろう

8〜9ページ ぴったり12 できたらシールをはろう

6〜7ページ ぴったり12 できたらシールをはろう

4〜5ページ ぴったり12 できたらシールをはろう

★なかよし あつまれ

2〜3ページ できたらシールをはろう

スタート

9. かずを せいりして

46〜47ページ ぴったり3 できたらシールをはろう

48〜49ページ ぴったり12 できたらシールをはろう

10. かたちあそび

50〜51ページ ぴったり12 できたらシールをはろう

52ページ ぴったり3 できたらシールをはろう

★こうていで さんすう

53ページ できたらシールをはろう

11. 3つの かずの たしざん、ひきざん

54〜55ページ ぴったり12 できたらシールをはろう

56〜57ページ ぴったり3 できたらシールをはろう

★どこに あるかな

70〜71ページ できたらシールをはろう

13. ひきざん

68〜69ページ ぴったり3 できたらシールをはろう

66〜67ページ ぴったり12 できたらシールをはろう

64〜65ページ ぴったり12 できたらシールをはろう

12. たしざん

62〜63ページ ぴったり3 できたらシールをはろう

60〜61ページ ぴったり12 できたらシールをはろう

58〜59ページ ぴったり12 できたらシールをはろう

〜73ページ ぴったり12 できたらシールをはろう

1年の まとめ

100〜103ページ できたらシールをはろう

★プログラミングに ちょうせん

104ページ プログラミング できたらシールをはろう

ゴール

さいごまでがんばったキミは
「ごほうびシール」をはろう！

ごほうび
シールを
はろう

教科書ぴったりトレーニングの使い方

ふだんの学習

ぴったり❶ じゅんび

教科書の　だいじな　ところを　まとめて
◎めあて　で　だいじな　ポイントが　わかるよ
もんだいに　こたえながら、わかって　いる
かくにんしよう。　　QRコードから「3分でまとめ動画」が

※QRコードは株式会社デンソーウェー

ぴったり❷ れんしゅう

「ぴったり1」で　べんきょう
した　ことが　みについて
いるかな？かくにんしながら、
もんだいに　とりくもう。

★できた　もんだいに
😊でき❶　😊でき❷

ぴったり❸ たしかめのテスト

「ぴったり1」「ぴったり2」が　おわったら、
みよう。学校の　テストの　前に　やっても
わからない　もんだいは、《ふりかえり🐶》を
もどって　かくにんしよう。

実力チェック

- 🌻 なつのチャレンジテスト
- 🎄 ふゆのチャレンジテスト
- 🎍 はるのチャレンジテスト
- **1年** さんすうのまとめ 学力しんだんテスト

夏休み、冬休み、春休みの
前に　つかいましょう。
学期の　おわりや　学年の
おわりの　テストの　前に
やっても　いいね。

ふだん
おわっ
り表」
はろう

別冊

まるつけ ラクラクかいとう

もんだいと　同じ　ところに　赤字で「答
いて　あるよ。もんだいの　答え合わせを
う。まちがえた　もんだいは、下の　てびき
もういちど　見直そう。

教科書ぴったりトレーニング さんすう1年 がんばり表

いつも見えるところに、この「がんばり表」をはっておこう。
この「ぴたトレ」をがくしゅうしたら、シールをはろう！
どこまでがんばったかわかるよ。

5. ぜんぶで いくつ

28〜29ページ ぴったり3
できたらシールをはろう

26〜27ページ ぴったり12
できたらシールをはろう

24〜25ページ ぴったり12
できたらシールをはろう

4. いくつと いくつ

22〜23ページ ぴったり3
できたらシールをはろう

20〜21ページ ぴったり12
できたらシールをはろう

18〜19ページ ぴったり12
できたらシールをはろう

3. いま なんじ

17ページ ぴったり3
できたらシールをはろう

16ページ ぴったり12
できたらシールをはろう

6. のこりは いくつ

30〜31ページ ぴったり12
できたらシールをはろう

32〜33ページ ぴったり12
できたらシールをはろう

34〜35ページ ぴったり3
できたらシールをはろう

7. どれだけ おおい

36〜37ページ ぴったり12
できたらシールをはろう

38〜39ページ ぴったり3
できたらシールをはろう

8.10より 大きい かず

40〜41ページ ぴったり12
できたらシールをはろう

42〜43ページ ぴったり12
できたらシールをはろう

44〜45ページ ぴったり12
できたらシールをはろう

16. なんじ なんぷん

86ページ ぴったり12
できたらシールをはろう

15. 大きな かず

84〜85ページ ぴったり3
できたらシールをはろう

82〜83ページ ぴったり12
できたらシールをはろう

80〜81ページ ぴったり12
できたらシールをはろう

78〜79ページ ぴったり12
できたらシールをはろう

14. くらべかた

76〜77ページ ぴったり3
できたらシールをはろう

74〜75ページ ぴったり12
できたらシールをはろう

★おなじ かずずつに わけよう

87ページ ぴったり3
できたらシールをはろう

88〜89ページ
できたらシールをはろう

17. どんな しきに なるかな

90〜91ページ ぴったり12
できたらシールをはろう

92〜93ページ ぴったり12
できたらシールをはろう

94〜95ページ ぴったり3
できたらシールをはろう

18. かたちづくり

96〜97ページ ぴったり12
できたらシールをはろう

98〜99ページ ぴったり3
できたらシールをはろう

教科書ぴったりトレーニング 算数 1年 教育出版版 折込①（オモテ）

合わせて使うことが

、勉強していこうね。

するよ。

くよ。

。

聴できます。

ブの登録商標です。

「た」を かこう！★

でき でき

とりくんで

いいね。

見て 前に

の 学しゅうが

たら、「がんば

に シール を

え」が 書

して みよ

を 読んで、

おうちのかたへ

本書『教科書ぴったりトレーニング』は、教科書の要点や重要事項をつかむ「ぴったり1 じゅんび」、おさらいをしながら問題に慣れる「ぴったり2 れんしゅう」、テスト形式で学習事項が定着したか確認する「ぴったり3 たしかめのテスト」の3段階構成になっています。教科書の学習順序やねらいに完全対応していますので、日々の学習（トレーニング）にぴったりです。

「観点別学習状況の評価」 について

学校の通知表は、「知識・技能」「思考・判断・表現」「主体的に学習に取り組む態度」の3つの観点による評価がもとになっています。

問題集やドリルでは、一般に知識・技能を問う問題が中心になりますが、本書『教科書ぴったりトレーニング』では、次のように、観点別学習状況の評価に基づく問題を取り入れて、成績アップに結びつくことをねらいました。

ぴったり3 たしかめのテスト　　チャレンジテスト

● 「知識・技能」を問う問題か、「思考・判断・表現」を問う問題かで、それぞれに分類して出題しています。
● 「知識・技能」では、主に基礎・基本の問題を、「思考・判断・表現」では、主に活用問題を取り扱っています。

発展について

はってん … 学習指導要領では示されていない「発展的な学習内容」を扱っています。

別冊 『まるつけラクラクかいとう』 について

🏠 おうちのかたへ では、次のようなものを示しています。

・学習のねらいやポイント
・他の学年や他の単元の学習内容とのつながり
・まちがいやすいことやつまずきやすいところ

お子様への説明や、学習内容の把握などにご活用ください。

⏱ しあげの5分レッスン では、学習の最後に取り組む内容を示しています。

⏱ しあげの5分レッスン

まちがえた問題をもう1回やってみよう。

学習をふりかえることで学力の定着を図ります。

もくじ

さんすう1年
教育出版版
しょうがくさんすう

教科書ぴったりトレーニング

▶3分でまとめ動画

巻末	なつのチャレンジテスト／ふゆのチャレンジテスト／はるのチャレンジテスト／学力しんだんテスト	とりはずして
別冊	まるつけラクラクかいとう	お使いください

なかよし　あつまれ
どこが　ちがうかな
なかまを　つくろう
たりるかな
どちらが　おおい

がくしゅうび		
	月	日

きょうかしょ	2〜8 ページ	こたえ	2 ページ

🦴 みぎの　ばめんで、ひだりの　ばめんと
ちがう　ところを　○で　かこみましょう。

ひだり

みぎ

うすい〇〇〇せんは なぞろう。

II なかまを 〇で かこみましょう。

の なかま　　　の なかま　　　の なかま

III と では どちらが おおいでしょうか。

おおい ほうを 〇で かこみましょう。

───せんで むすんで くらべましょう。

（　　　）の ほうが おおい。

ぴったり1 じゅんび

1 いくつかな

（5までの かず）

3分でまとめ

きょうかしょ　9〜13ページ　こたえ　2ページ

めあて

ものの集まりを●や数字に対応させて、1〜5までの数を理解します。

れんしゅう 🐾 🐾 →

🦴 **おなじ かずの ものを せんで むすびましょう。**

   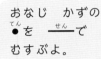

おなじ かずの
●を ──で
むすぶよ。

うすい せんを
なぞってね。

めあて

1〜5までの数について、数字を書くことができるようにします。

れんしゅう 🐾 →

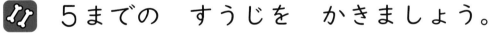🦴🦴 **5までの すうじを かきましょう。**

 いち

 に

 さん

 し

4は 「よん」
とも いうよ。

 ご

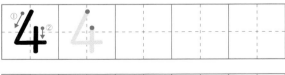

ぴったり2
れんしゅう

がくしゅうび　　月　　日

★ できた　もんだいには、「た」を　かこう！★

でき　　でき　　でき

きょうかしょ　9〜13ページ　こたえ　2ページ

おなじ　かずの　ものを　せんで　むすびましょう。

きょうかしょ10〜11ページで、5までの　かずの　かぞえかたを　まなぼう。

 ・ 　・ 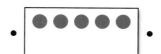 ・ 　・

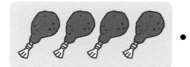 ・ 　・  ・ 　・

 ・ 　・  ・ 　・

かずだけ 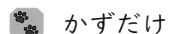 ○まる を　ぬりましょう。

きょうかしょ10〜11ページで、5までの　かずの　かぞえかたを　まなぼう。

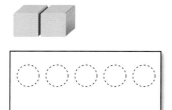

1

さん

○ ○ ○ ○ ○　　　○ ○ ○ ○ ○　　　○ ○ ○ ○ ○

すうじで　かきましょう。

きょうかしょ12〜13ページで、5までの　すうじの　かきかたを　まなぼう。

 　　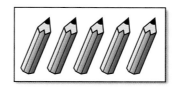

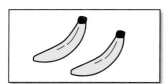 　　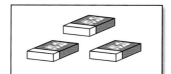

はじめは、ゆびで　えを　しっかり　おさえながら　かぞえよう。
5の　かきじゅんに　ちゅういしてね。

ぴったり1 じゅんび

1 いくつかな

（10までの　かず）

★ できた もんだいには、「た」を かこう！★

でき 🐾　でき 🐾　でき 🐾

📖 きょうかしょ　14〜17 ページ　　✏️ こたえ　3 ページ

🐾 おなじ かずの ものを せんで むすびましょう。

きょうかしょ14〜15ページで、10までの かずの かぞえかたを まなぼう。

 ・　　・ ・　　・

 ・　　・ ・　　・

 ・　　・ ・　　・

🐾 かずだけ ◯を ぬりましょう。
　　　　　　まる

きょうかしょ14〜15ページで、10までの かずの かぞえかたを まなぼう。

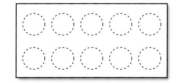　　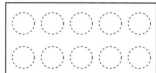　　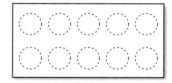

🐾 すうじで かきましょう。

きょうかしょ16〜17ページで、10までの すうじの かきかたを まなぼう。

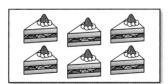 　　　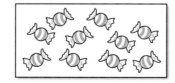

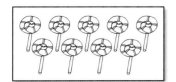 　　　

 🐾 すうじを ただしく かいて、ただしく よめるように しよう。
しるしを つけながら かぞえると、まちがわないよ。

1 いくつかな

かずの ならびかた
0と いう かず

きょうかしょ 18〜20ページ こたえ 3ページ

めあて

10までの数の大小と並び方（系列）がわかるようにします。

れんしゅう 🐾🐾 →

🦴 かずが おおきい ほうに ◯を つけましょう。

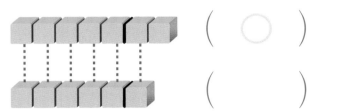

7 （　◯　）

6 （　　　）

すうじで くらべられる
ように なろう。

🦴🦴 □に あてはまる かずを かきましょう。

| 1 | | 3 | 4 | | 6 | 7 |

めあて

「1つもない」ことを表す数0について理解し、数字に表せるようにします。

れんしゅう 🐾 →

🦴🦴🦴 めだかの かずを すうじで かきましょう。

あ

い

う

| 1 | | |

0 れい　　れんしゅうしよう

うの めだかの かずは、
「0ひき」と いうよ。

★ できた もんだいには、「た」を かこう！ ★

でき　でき　でき

きょうかしょ　18〜20 ページ　　こたえ　3 ページ

🐾 かずが おおきい ほうに ○を つけましょう。

きょうかしょ18〜19ページで、かずの おおきさを まなぼう。

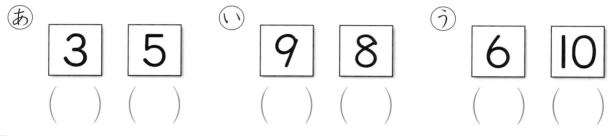

あ　| 3 | 5 |
（　）（　）

い　| 9 | 8 |
（　）（　）

う　| 6 | 10 |
（　）（　）

🐾 □に あてはまる かずを かきましょう。

きょうかしょ18〜19ページで、かずの ならびかたを まなぼう。

ブロックは 1こずつ おおく なっているね。

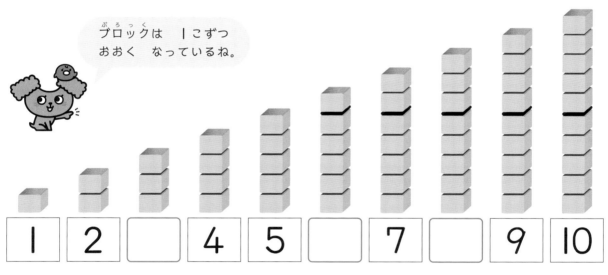

| 1 | 2 | | 4 | 5 | | 7 | | 9 | 10 |

🐾 どらやきの かずを すうじで かきましょう。

きょうかしょ20ページで、0と いう かずを おぼえよう。

あ　　　　　い　　　　　う

□　　　　　□　　　　　□

1こも
ないから…。

🐾ひんと　　🐾 かずの じゅんばんを おぼえて、ちいさい じゅんも、
おおきい じゅんも いえるように しよう。

ぴったり③
たしかめのテスト

① **いくつかな**

じかん **30** ぷん

／100

ごうかく **80** てん

きょうかしょ 9〜24ページ　こたえ 4ページ

知識・技能 ／100てん

1 おなじ　かずの　ものを　せんで　むすびましょう。

1つ5てん(20てん)

・　　　　　　・　　　　　　・　　　　　　・

・　　　　　　・　　　　　　・　　　　　　・

| ろく | 9 | 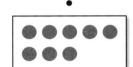 | 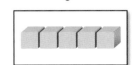 |

2 かずだけ ◯を　ぬりましょう。

1つ5てん(15てん)

① 4　　　　② 10　　　　③ 7

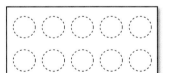 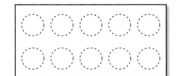 

3 りんごの　かずを　すうじで　かきましょう。

1つ5てん(15てん)

① 　　　　② 　　　　③

4 よくでる　かずを　すうじで　かきましょう。　1つ5てん(20てん)

①

(　　　)

②

(　　　)

③

(　　　)

④

(　　　)

5 かずが　おおきい　ほうに　○を　つけましょう。

1つ5てん(10てん)

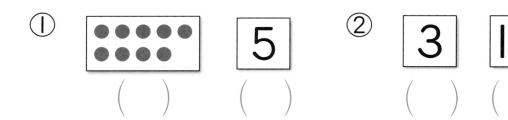

①
(　　　)　(　　　)

② 3 10
(　　　)　(　　　)

6 □に　あてはまる　かずを　かきましょう。

□1つ5てん(20てん)

①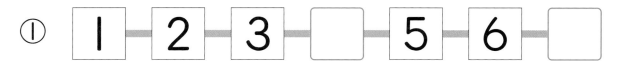

| 1 | 2 | 3 | | 5 | 6 | |

できたらすごい！

②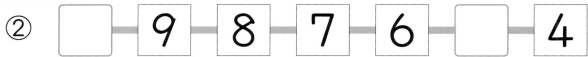

| | 9 | 8 | 7 | 6 | | 4 |

ふりかえり　❶が　わからない　ときは、6ページの　♪に　もどって　かくにんして　みよう。

ぴったり1 じゅんび　② なんばんめ

きょうかしょ　25〜30 ページ　　こたえ　5 ページ

◎ めあて

集合を表す数と、順序を表す数のちがいを理解できるようにします。　　れんしゅう ①→

1 ○で　かこみましょう。

① まえから　4だい

まえ　　　　　　　　　　　　　　　　　うしろ

1だいだけ
かこんでね。

② まえから　4だいめ

まえ　　　　　　　　　　　　　　　　　うしろ

◎ めあて

順序や位置を、数を使って表すことができるようにします。　　れんしゅう ② ③→

2 もようが　あります。□に　かずを　かきましょう。

ひだり　　　　　　　　　　　　　　　　　　　　　みぎ

1　2　3　4　5　6　7　8　9　10　11　12

① 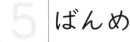 は　ひだりから　5　ばんめ

10の　つぎを　11、
11の　つぎを　12と
かくよ。

②  は　ひだりから　　　ばんめ

③ 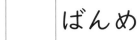 は　ひだりから　　　ばんめ

④ 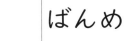 は　みぎから　　　ばんめ

12

★ できた　もんだいには、「た」を　かこう！★

でき ① でき ② でき ③

きょうかしょ　25〜30ページ　　こたえ　5ページ

1 ○で　かこみましょう。

きょうかしょ26〜27ページで、「○ひき」と　「○ひきめ」の　ちがいを　まなぼう。

① ひだりから　3びき

② ひだりから　3びきめ

2 どうぶつが　ならんで　います。

きょうかしょ28ページで、なんばんめに　ついて　かんがえよう。

まえ　　　　　　　　　　　　　　　　　　　　うしろ

① 🦁 は、まえから □ ばんめ

！まちがいちゅうい

② 🐼 は、うしろから □ ばんめ

3 □に　あてはまる　かずを　かきましょう。

きょうかしょ29ページで、10より　おおきい　かずを　まなぼう。

| 6 | 7 | 8 | □ | 10 | 11 | □ |

ひんと　「なんばんめ」を　かんがえる　ときは、どこから　かぞえるかに　きを　つけよう。

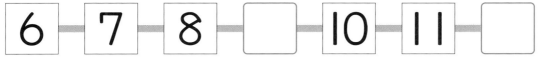

13

ぴったり3 たしかめのテスト

2 なんばんめ

きょうかしょ　25〜30ページ　　こたえ　5ページ

知識・技能　　　　　　　　　　　　　　　　　／100てん

1 よくでる ○で かこみましょう。　　1つ5てん（10てん）

① ひだりから　5こ

② ひだりから　5こめ

2 バスを まって います。　　1つ10てん（30てん）

まえ　　　　　　　　　　　　　　うしろ

① なんにん まって いますか。

（　　　　）にん

② まえから　3にんめに　○を　つけましょう。

③ うしろから　3にんを　□で　かこみましょう。

3 □に　あてはまる　かずを　かきましょう。

①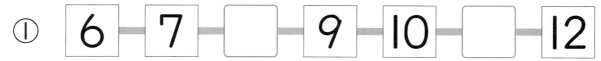

6　7　□　9　10　□　12

できたらすごい！

②

6　5　4　□　2　1　□

4 □に　あてはまる　かずを　かきましょう。

うえ

① ⚽は、うえから　□ばんめに
あります。

② 🤖は、したから　□ばんめに
あります。

③ うえから　5ばんめの　たなは、
したから　□ばんめです。

できたらすごい！

④ ただしい　ことばを　○で
かこみましょう。

✈は、（　うえ　、　した　）から

4ばんめに　あります。

した

ふりかえり ❶が　わからない　ときは、12ページの　❶に　もどって　かくにんして　みよう。

③ いま なんじ

でき 1

きょうかしょ 31〜33ページ こたえ 6ページ

めあて

時計を見て、何時、何時半がよめるようにします。

れんしゅう 1 ➡

1 とけいを よみましょう。

①  じ

②   じはん

ながい はりが 12の ときは、「〜じ」と よむよ。

みじかい はりが すうじの あいだに ある ときは、ちいさい ほうの すうじを よんでね。

よくみて

1 とけいを よみましょう。

きょうかしょ31〜33ページで、とけいの よみかたを まなぼう。

①

□ じ

②

□ じはん

   ながい はりは、「〜じ」の ときは 12、「〜じはん」の ときは 6を さして いる ことを かくにんしよう。

③ いま　なんじ

| 📖 きょうかしょ | 31〜34 ページ | ✏ こたえ | 6 ページ |

知識・技能　　　　　　　　　　　　　　　　　　　　　／100てん

① よくでる　とけいを　よみましょう。　　　　　1つ20てん(60てん)

①　　　　　　　　②　　　　　　　　③

（　　　）じ　　　（　　　）じ　　　（　　　）じはん

できたらすごい!

②　とけいが　すすんだ　じゅんに、あ、い、うを
かきましょう。
　　　　　　　　　　　　　　　　　　　　1つ20てん(40てん)

あ　　　　　　　　い　　　　　　　　う

（　い　）→（　　　）→（　　　）

ぴったり ① じゅんび

4 いくつと いくつ
(5、6、7、8)

がくしゅうび ┃ 月 ┃ 日

3分でまとめ

きょうかしょ　35〜39ページ　こたえ　6ページ

めあて
5〜8の数の合成を学びます。

れんしゅう ① ②→

1 5を つくりましょう。

5　●●●●●

ブロックで
かんがえて
みよう。

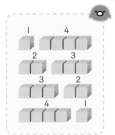

めあて
5〜8の数の分解を学びます。

れんしゅう ③→

2 8を つくりましょう。

すうじで かんがえられる
ように しようね。

8　

① 8 は

1 と 7

② 8 は

2 と ◯

③ 8 は

3 と ◯

18

★ できた もんだいには、「た」を かこう！ ★

でき ① 　でき ② 　でき ③

きょうかしょ　35〜39 ページ　　こたえ　6 ページ

① 6を つくりましょう。

きょうかしょ37ページで、6は いくつと いくつか かんがえよう。

 ・  ・

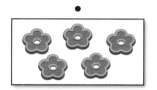 ・  ・

！まちがいちゅうい

② あと いくつで 7に なるでしょうか。◯ を ぬりましょう。

きょうかしょ38ページで、7は いくつと いくつか かんがえよう。

① 　② 　③

　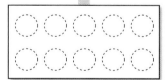　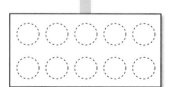

③ ◯に あてはまる かずを かきましょう。

きょうかしょ36〜38ページで、いくつと いくつを かんがえよう。

① 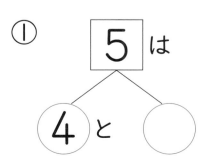　② 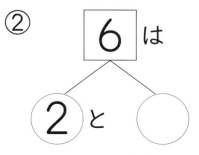　③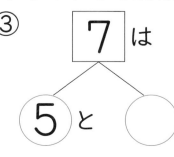

ひんと 「いくつと いくつ」を かんがえる ときは、カードや ブロックで れんしゅうしよう。こえに だすと おぼえやすいよ。

きょうかしょ 40〜43 ページ ｜ こたえ 7 ページ

めあて
9の合成・分解を学びます。
れんしゅう ①→

1 9を つくりましょう。

9

 ほかにも ありそうだね。

9は、｜ と 8
　　 2 と 7
　　 3 と 6
　　 　 ⋮

3　　7　　5

2　　4　　6

めあて
10 という数の構成を、数の合成・分解を通して理解します。
れんしゅう ② ③→

2 10を つくりましょう。

① ｜ と 9 で 10

② 2 と ☐ で 10

③ 3 と ☐ で 10

④ 4 と ☐ で 10

ひだりの かずは、｜ずつ
ふえて いるね。
みぎの かずは、
どうなって いるかな?

｜ふえる ｜ と 9 ｜へる
｜ふえる 2 と 8 ｜へる
｜ふえる 3 と ☐ ｜へる
｜ふえる 4 と ☐ ｜へる

20

★ できた もんだいには、「た」を かこう！ ★

 でき 1　できき 2　でき 3

きょうかしょ　40〜43 ページ　　こたえ　7 ページ

1 ◯に あてはまる かずを かきましょう。

きょうかしょ40ページで、9は いくつと いくつを かんがえよう。

① **9** は
　　⑥ と ◯

② **9** は
　　① と ◯

③ **9** は
　　④ と ◯

2 あと いくつで 10に なるでしょうか。

きょうかしょ41〜42ページで、10の つくりかたを まなぼう。

①
　　　　（　　　　）

②
　　　　（　　　　）

🔍よくみて

3 10を つくりましょう。

きょうかしょ43ページで、10の つくりかたを まなぼう。

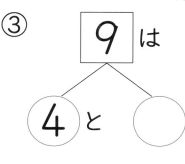

2	3	7	1	5
5	8	9	5	4
6	4	2	6	9
9	7	2	7	8
1	8	5	6	3

たて、よこ、ななめに、
10を みつけて
かこんでみよう。

ひんと　「10は いくつと いくつ」は、とくに しっかり おぼえよう。
あとの べんきょうに とても やくに たつよ。

④ いくつと いくつ

じかん **30** ぷん

／100

ごうかく **80** てん

きょうかしょ 35〜44 ページ ▶ こたえ 7 ページ

知識・技能

／100てん

1 あと いくつで 9に なるでしょうか。 1つ5てん(10てん)

①

②

（　　　）　　　　　　　　　　（　　　）

2 よくでる あと いくつで 10に なるでしょうか。

1つ5てん(10てん)

①

②

（　　　）　　　　　　　　　　（　　　）

3 よくでる □しかく に あてはまる かずを かきましょう。

1つ5てん(30てん)

① 8と □ で 10　② 4と □ で 10

③ 9と □ で 10　④ 6と □ で 10

⑤ 10は 7と □　⑥ 10は 2と □

4 7を　つくりましょう。

1つ5てん（20てん）

5 ◯や　□に　あてはまる　かずを　かきましょう。

1つ5てん（30てん）

①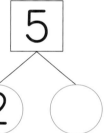

②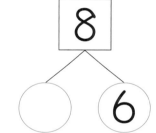

③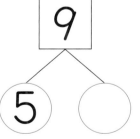

④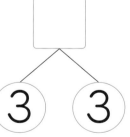

できたらすごい！

⑤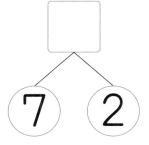

⑥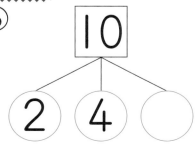

ふりかえり　❶が　わからない　ときは、20ページの　❶に　もどって　かくにんして　みよう。

23

ぴったり ① じゅんび

⑤ ぜんぶで　いくつ
ふえると　いくつ
あわせて　いくつ

3分でまとめ

きょうかしょ　45〜52ページ　こたえ　8ページ

めあて
増加の場面の意味がわかり、たし算の式に表せるようにします。　　れんしゅう ① ③ →

1 ふえると　なんわに　なるでしょうか。

はじめに　3わ　　　　　1わ　ふえると

＋は、たしざんの
しるし、
＝は、こたえを
もとめる　しるしだよ。

しき　　3 ＋ [1] ＝ [ ]
（ 3　たす　1　は　4 ）

こたえ [ ] わ

めあて
合併の場面の意味がわかり、たし算の式に表せるようにします。　　れんしゅう ② ③ →

2 あわせると　なんぼんに　なるでしょうか。

3ぼん　　　　　　　　　　　　5ほん

あわせると
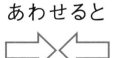

しき　　3 ＋ 5 ＝ [ ]
（ 3　たす　5　は　8 ）

こたえ [ ] ほん

★ できた もんだいには、「た」を かこう！ ★

でき① でき② でき③

📖 きょうかしょ　45〜52ページ　📄 こたえ　8ページ

1 ケーキは　なんこに　なるでしょうか。

きょうかしょ46〜48ページで、たしざんの　こたえの　もとめかたを　まなぼう。

はじめに 1こ

 ⬅

4こ のせると

しき ▢

こたえ（　　　）こ

🔍 よくみて

2 チューリップは、あわせて　なんぼんに
なるでしょうか。　きょうかしょ49〜51ページで、たしざんの　ばめんを　かんがえよう。

しき ▢

こたえ（　　　）ほん

❗ まちがいちゅうい

3 けいさんを　しましょう。

きょうかしょ52ページで、たしざんを　れんしゅうしよう。

① 2＋1＝▢　　　② 3＋2＝▢

③ 1＋3＝▢　　　④ 4＋1＝▢

🔵ひんと　たしざんの　しきの　かきかたと　よみかたを　しっかり　おぼえよう。
こたえを　かく　ときは、＝を　かならず　かこう。

25

じゅんび

5 ぜんぶで　いくつ
(0の たしざん / たしざんの カード)

きょうかしょ　53〜55ページ　　こたえ　8ページ

めあて

0の意味を理解し、0を含むたし算ができるようにします。

れんしゅう **①** **②** →

1　1かいめと　2かいめに　はいった
かずを　あわせると、いくつに
なるでしょうか。

1こも　はいらなかったら
0を　つかうよ。

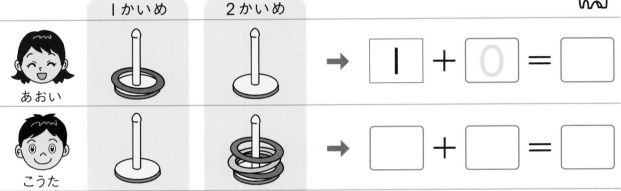

あおい　→　$1 + 0 = \boxed{}$

こうた　→　$\boxed{} + \boxed{} = \boxed{}$

めあて

答えが 10 までのたし算を、カードを使って練習します。

れんしゅう **②** **③** →

2　カードの　おもてと　うらを
せんで　むすびましょう。

おもて　　　　うら
2＋3　　　5

2＋6　　3＋4　　8＋1　　5＋5

7　　10　　8　　9

★ できた もんだいには、「た」を かこう！ ★

でき ① でき ② でき ③

📖 きょうかしょ　53〜55 ページ　🔜 こたえ　8 ページ

1 １かいめと ２かいめに はいった かずを あわせると、なんこに なるでしょうか。

１かいめ　　２かいめ

きょうかしょ53ページで、0の たしざんの れんしゅうを しよう。

２かいめは
0こだね。

しき [　　　　　　　　]

こたえ （　　　　） こ

2 けいさんを しましょう。

きょうかしょ53〜55ページで、たしざんの れんしゅうを しよう。

① 5＋1＝ □　　　　② 7＋2＝ □

③ 4＋6＝ □　　　　④ 1＋9＝ □

⑤ 0＋8＝ □　　　　! まちがいちゅうい
　　　　　　　　　　　⑥ 0＋0＝ □

3 こたえが 7に なる たしざんの カードを みつけましょう。

きょうかしょ55ページで、おなじ こたえの たしざんを みつけよう。

ⓐ 6＋3　　ⓘ 4＋2　　ⓤ 2＋5

（　　　　　）

🟢 ひんと　② ⑤⑥0に ある かずを たしても、こたえは ある かずに なるよ。

27

⑤ **ぜんぶで いくつ**

きょうかしょ 45〜58 ページ ｜ こたえ 9 ページ

知識・技能 ／40てん

1 しきに かきましょう。

ぜんぶできて1もん10てん（20てん）

①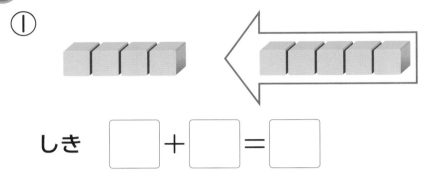

しき □ + □ = □

②

しき □ + □ = □

2 よくでる おなじ こたえに なる しきを せんで むすびましょう。

1つ5てん（20てん）

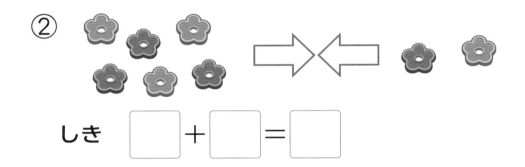

8＋2	2＋4	6＋1	5＋4

0＋7	9＋0	3＋7	3＋3

思考・判断・表現　　　　／60てん

3 はとが　5わ　いました。
2わ　きました。
ぜんぶで　なんわに
なったでしょうか。　1つ5てん(10てん)

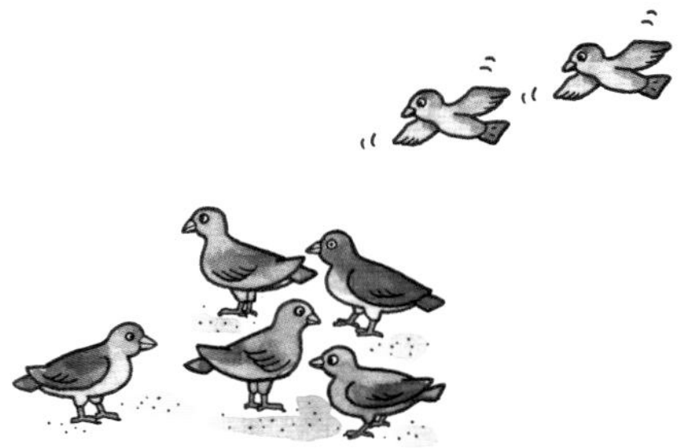

しき　　　　こたえ（　　　）わ

4 こどもが　7にん、おとなが　3にん　います。
あわせて　なんにん　いるでしょうか。　1つ10てん(20てん)

しき　　　　こたえ（　　　）にん

できたらすごい！

5 ケーキ(けえき)を、5にんに　1こずつ　くばりました。
ケーキは、まだ　3こ　のこって　います。
ケーキは、ぜんぶで　なんこ　あったでしょうか。
1つ10てん(20てん)

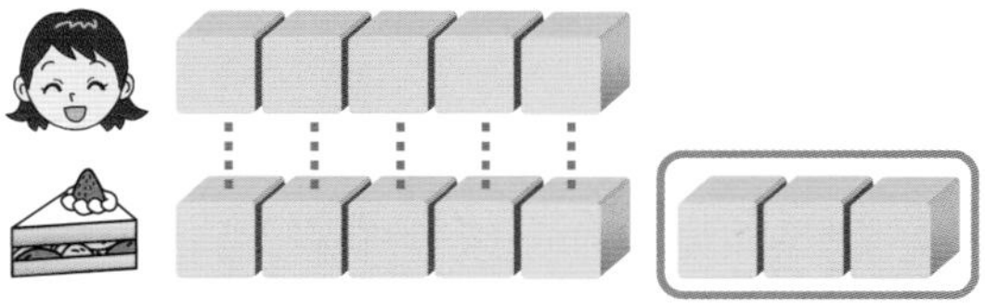

しき　　　　こたえ（　　　）こ

できたらすごい！

6 □(しかく)に　あてはまる　かずを　かきましょう。
(ぜんぶできて10てん)

□＋□＝6

ふろくの「けいさんせんもんドリル」1〜4も　やって　みよう！

ふりかえり　1①が　わからない　ときは、24ページの　1に　もどって　かくにんして　みよう。

ぴったり1 じゅんび

6 のこりは いくつ

（のこりは いくつ）

きょうかしょ　59〜64 ページ　　こたえ　10 ページ

めあて　残りを求める減法の場面の意味がわかり、ひき算の式に表せるようにします。　れんしゅう ❶ ❸ →

1 のこりは なんこに なるでしょうか。

はじめに 4こ

2こ たべると

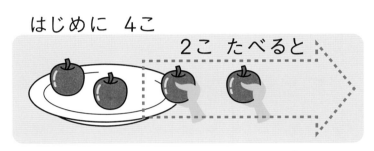

○を つかって かんがえると

○ ○ ○ ○ →

4から 2を とると、
2に なるよ。
ーは、ひきざんの
しるしだよ。

しき　4 − [2] = [　]

（ 4 ひく 2 は 2 ）

こたえ [　] こ

めあて　部分の数を求める減法の場面の意味がわかり、ひき算の式に表せるようにします。　れんしゅう ❷ →

2 9にんで こうえんに いきました。
その うち 6にんが こどもです。
おとなは なんにんでしょうか。

こどもと おとな
あわせて 9にん
なんだね。

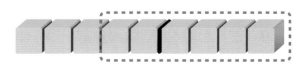

しき [　] − [　] = [　]　　こたえ [　] にん

★ できた もんだいには、「た」を かこう！★

でき ① でき ② でき ③

きょうかしょ 59〜64 ページ　こたえ 10 ページ

1 7にん あそんで いました。3にん かえりました。
のこりは なんにんに なったでしょうか。

きょうかしょ61〜62ページで、のこりを もとめる ばめんに ついて かんがえよう。

しき ［　　　　　　　　　　　　　　］　　こたえ（　　　　）にん

よくよんで

2 あかと しろの チューリップが 10ぽん さいて
います。その うち あかい チューリップは 6ぽん
です。
　しろい チューリップは なんぼんでしょうか。

きょうかしょ63ページで、ぶぶんを もとめる ばめんを かんがえよう。

しき ［　　　　　　　　　　　　　　］　　こたえ（　　　　）ほん

よくみて

3 いすが 8こ あります。
　5にんの こどもが ひとりずつ すわります。
　いすは なんこ あまるでしょうか。

きょうかしょ64ページの ⑦で、ひきざんの ばめんを かんがえよう。

いす

こども

しき ［　　　　　　　　　　　　　　］

こたえ（　　　　）こ

ひんと
❸ 「5にんの こどもが すわる いすは 5こ」と かんがえて、
ひきざんを するよ。ずを みて かんがえると わかりやすいよ。

6 のこりは いくつ

（0の ひきざん / ひきざんの カード）

きょうかしょ　65〜67ページ　　こたえ　10ページ

めあて
0の意味を理解し、0を含むひき算ができるようにします。　　れんしゅう ① ②➡

1 のこりは なんぼんに なるでしょうか。

① 3ぼん のむと

$$3 - \boxed{3} = \boxed{}$$

② のまないと

$$3 - \boxed{0} = \boxed{}$$

「3ぼんから 0ほんを
とる」と かんがえよう。

めあて
ひかれる数が 10までのひき算を、カードを使って練習します。　　れんしゅう ② ③➡

2 カードの おもてと うらを
せんで むすびましょう。

おもて　　うら

$6 - 4$　　2

$8 - 3$　　$6 - 5$　　$9 - 5$　　$10 - 2$

・　　　　・　　　　・　　　　・

・　　　　・　　　　・　　　　・

4　　　　5　　　　8　　　　1

れんしゅう

ぴったり②

★ できた　もんだいには、「た」を　かこう！★

でき ① 　でき ② 　でき ③

きょうかしょ　65〜67ページ　　こたえ　10ページ

1 いちごが　4こずつ　あります。
のこりは　なんこに　なるでしょうか。

きょうかしょ65ページで、0の　ひきざんの　れんしゅうを　しよう。

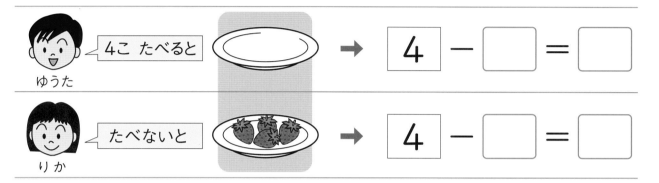

ゆうた　4こ　たべると　→　4 − □ = □

りか　たべないと　→　4 − □ = □

！ まちがいちゅうい

2 けいさんを　しましょう。

きょうかしょ65〜67ページで、ひきざんの　れんしゅうを　しよう。

① 5−3= □ 　　② 4−1= □

③ 9−7= □ 　　④ 10−9= □

⑤ 8−0= □ 　　⑥ 2−2= □

3 こたえが　2に　なる　ひきざんの　カードを
みつけましょう。

きょうかしょ67ページで、おなじ　こたえの　ひきざんを　みつけよう。

あ 5−4 　　い 8−6 　　う 9−2

(　　　　)

ひんと ① 0の　たしざんの　ときと　おなじように、ひきざんでも　0を　つかう
ことが　できるよ。こたえが　0に　なる　ときも　あるよ。

33

ぴったり3
たしかめのテスト

6 のこりは いくつ

じかん 30 ぷん

／100

ごうかく 80 てん

きょうかしょ 59〜70 ページ　こたえ 11 ページ

知識・技能　／40てん

1 しきに かきましょう。

ぜんぶできて1もん10てん(20てん)

①

はじめに 8こ　　　　　3こ たべると

しき ☐ － ☐ ＝ ☐

② いぬが 6ぴき　　そのうち こいぬが 4ひき

おとなの いぬは

しき ☐ － ☐ ＝ ☐

2 おなじ こたえに なる しきを せんで
むすびましょう。

1つ5てん(20てん)

| 7－6 | 10－3 | 6－2 | 8－2 |

・　　・　　・　　・

・　　・　　・　　・

| 9－2 | 6－0 | 9－8 | 5－1 |

思考・判断・表現　／60てん

❸ よくでる ふうせんが　6こ　ありました。
3こ　とんで　いきました。
　のこりは　なんこに
なったでしょうか。

1つ10てん(20てん)

しき

こたえ（　　　　）こ

❹ 1ねんせいと　2ねんせいが　あわせて　8にん
います。その　うち　4にんが　2ねんせいです。
　1ねんせいは　なんにん　いるでしょうか。 1つ10てん(20てん)

しき 　　　　　　　　　　　こたえ（　　　　）にん

できたらすごい！
❺ ぼうしが　10こ　あります。
　4にんの　こどもが　1こずつ　かぶります。
　ぼうしは　なんこ　あまるでしょうか。 1つ10てん(20てん)

しき 　　　　　　　　　　　こたえ（　　　　）こ

ふろくの「けいさんせんもんドリル」5〜9も やって みよう！

ふりかえり ❶①が わからない ときは、30ページの ❶に もどって かくにんして みよう。

7 どれだけ　おおい

どれだけ　おおい
ちがいは　いくつ

きょうかしょ　71〜74ページ　　こたえ　11ページ

めあて
「どちらがいくつ多い」という求差の場面の意味がわかり、答えが求められるようにします。　れんしゅう 1 2 →

1 あかい　はなと　しろい　はなは　どちらが
なんぼん　おおいでしょうか。

あかい　はなが
6ぽん　しろい
はなが　4ほん
あるね。

しき　6－ 4 ＝ 　

こたえ　あかい　はな が

　ほん　おおい。

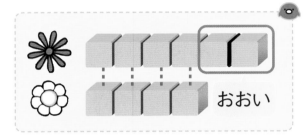
おおい

めあて
「ちがい」を求める場面の意味がわかり、答えが求められるようにします。　れんしゅう 3 →

2 うしと　うまの
かずの　ちがいは
いくつでしょうか。

しき 　－　＝　

こたえ 　とう

ひきざんは、
おおきい　かずから
ちいさい　かずを　ひくよ。

ちがい

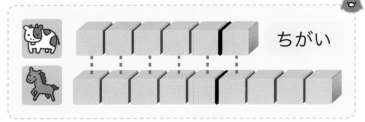

★ できた　もんだいには、「た」を　かこう！ ★

でき
①　②　③

きょうかしょ　71〜74ページ　こたえ　11ページ

① かぶとむしは　トンボより
なんびき　おおいでしょうか。

きょうかしょ71〜73ページで、
「どれだけ　おおい」を　かんがえよう。

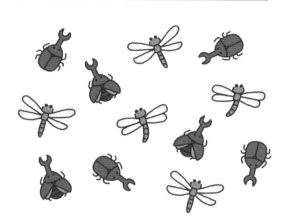

しき

こたえ（　　　　　）ひき

📖 よくよんで

② りんごと　みかんは　どちらが　なんこ
おおいでしょうか。

きょうかしょ73ページで、「どちらが　いくつ　おおい」を　かんがえよう。

りんごは　4こだね。
みかんは　なんこかな？

しき

こたえ（　　　　　）が（　　　　　）こ　おおい。

！ まちがいちゅうい

③ けしゴムが　6こ　あります。
えんぴつが　8ほん　あります。
かずの　ちがいは　いくつでしょうか。

きょうかしょ74ページで、「かずの　ちがい」を　かんがえよう。

しき

こたえ（　　　　　）つ

ひんと　③ おおきい　かずから　ちいさい　かずを　ひくよ。
6−8は　まちがいだから　きを　つけよう。

ぴったり3 たしかめのテスト

7 どれだけ おおい

きょうかしょ 71〜76 ページ　こたえ 12 ページ

知識・技能　　　　　　　　　　　　　／70てん

1 しきに かきましょう。　ぜんぶできて1もん10てん（20てん）

① なんこ おおい

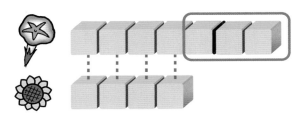

しき □－□＝□

② ちがいは なんこ

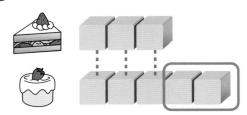

しき □－□＝□

2 よくでる けいさんを しましょう。　1つ5てん（40てん）

① 8－7＝□　　　② 9－4＝□

③ 9－3＝□　　　④ 7－1＝□

⑤ 10－8＝□　　　⑥ 10－5＝□

⑦ 4－0＝□　　　⑧ 3－3＝□

この　ほんの　おわりに　ある　「なつの　チャレンジテスト」を　やって　みよう！

❸ あから　えの　うち、かずの　ちがいが　3の
ものを　すべて　えらびましょう。

(10てん)

あ 1 4　　　　　　　い 3 8

う 9 6　　　　　　　え 5 4

(　　　　　　　　　　　　　　)

思考・判断・表現　　　　　　　　　　　　　　　／30てん

❹ よくでる あかぐみが　7にん、しろぐみが
10にん　います。
　どちらが　なんにん　おおいでしょうか。

しき・こたえ　1つ5てん(10てん)

あかぐみ　　　　　　　　　　しろぐみ

しき [　　　　　　　　　　　　　]

こたえ (　　　　　　　) が (　　　　　) にん　おおい。

できたらすごい！

❺ □に　あてはまる　＋か　ーを　かきましょう。

1つ10てん(20てん)

① 7 □ 3＝4　　　　② 5 □ 4＝9

ふりかえり ❶①が　わからない　ときは、36ページの ❶に　もどって　かくにんして　みよう。

8　10より　大きい　かず
（20までの　かず）

3分でまとめ

きょうかしょ　77〜85ページ　　こたえ　13ページ

めあて
20までの数の数え方、よみ方、書き方や構成を理解します。
れんしゅう①→

1　いくつ　あるでしょうか。

10の　まとまりを
つくって
かんがえよう。

①

10と ２ で 12
　　　　　じゅうに

②

10と □ で □
　　　　　にじゅう

めあて
数直線（数の線）のしくみを理解します。
れんしゅう②→

2　かずのせんを　見て　こたえましょう。

0 1 2 3 4 5 6 7 8 9 10 11 12 13 14 15 16 17 18 19 20

1 2 3 4　　2 1

①　10より　4　大きい　かずは □ です。

②　17より　2　小さい　かずは □ です。

めあて
20までの数の大小比較ができるようにします。
れんしゅう③→

3　大きい　ほうに　〇を　つけましょう。

かずのせんを　見て
くらべて　みよう。

①　| 13 |　| 15 |

（　　）（　　）

②　| 19 |　| 18 |

（　　）（　　）

★ できた もんだいには、「た」を かこう！★

でき 1　でき 2　でき 3

きょうかしょ　77〜85 ページ　こたえ　13 ページ

1 □に あてはまる かずを かきましょう。

きょうかしょ80〜83ページで、「10と いくつ」を かんがえて みよう。

① 10と 5で □

② 10と □ で 19

③ 16は 10と □

④ □ は 10と 4

2 □に あてはまる かずを かきましょう。

きょうかしょ84〜85ページで、かずのせんを まなぼう。

① | 15 | □ | 17 | 18 | □ | 20 |

よくみて

② | 10 | 12 | □ | 16 | 18 | □ |

③ 10より 5 大きい かずは □ です。

④ 18より 1 小さい かずは □ です。

3 大きい ほうに ○を つけましょう。

きょうかしょ85ページで、かずの 大きさくらべを かんがえよう。

① | 12 | 9 |
（　　）（　　）

② | 17 | 14 |
（　　）（　　）

③ | 16 | 20 |
（　　）（　　）

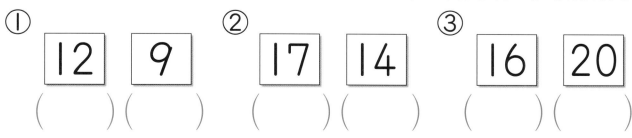

ひんと　② かずが どのように ならんで いるかに ちゅうもくしよう。
①は 1ずつ、②は 2ずつ 大きく なって いるね。

41

3分でまとめ

きょうかしょ 86ページ　　こたえ 13ページ

◎ めあて
20より大きい数の数え方、よみ方、書き方を理解します。

れんしゅう ① ② ③ →

1 いくつ あるでしょうか。

①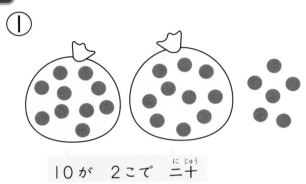

10が 2こで 二十（にじゅう）

20 と 6 で 26

② 10 10 10

10が 3こで 三十（さんじゅう）

□ と 4 で □

2 かずを よみましょう。

① 28　　　　② 32

二十八　　　　□

◎ めあて
20より大きい数を、10を基準にして数え、しくみを理解します。

れんしゅう ④ →

3 あてはまる かずを かきましょう。

① 23

　23
　↓
二十三（にじゅうさん）
20 3

3

② □

30　　1

★ できた もんだいには、「た」を かこう！ ★

でき① でき② でき③ でき④

📖 きょうかしょ 86 ページ　➡ こたえ 13 ページ

1 いくつ あるでしょうか。

きょうかしょ86ページで、20より 大きい かずを かぞえよう。

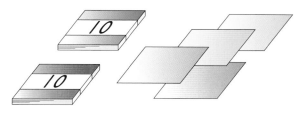

（　　　　　）

2 すうじで かきましょう。

きょうかしょ86ページで、20より 大きい かずの かきかたを まなぼう。

① 二十七（しち）

（　　　　　）

！まちがいちゅうい

② 三十

（　　　　　）

3 かずを よみましょう。

きょうかしょ86ページで、20より 大きい かずの よみかたを まなぼう。

① 29

（　　　　　）

② 33

（　　　　　）

4 あてはまる かずを かきましょう。

きょうかしょ86ページで、20より 大きい かずの しくみを まなぼう。

①

```
┌──────┐
│      │
└──────┘
  20   5
```

②

```
┌──────┐
│  32  │
└──────┘
  ○    2
```

ひんと
1 10が 2こで 20。20と 4で いくつに なるか かんがえよう。
3 かずを よむ ときは、かんじで かこう。

8 10より 大きい かず
たしざんと ひきざん

📖 きょうかしょ 87〜88 ページ ✏️ こたえ 14 ページ

🎯 めあて

(十) + (いくつ)のたし算と、その逆のひき算ができるようにします。

れんしゅう 1 →

1 けいさんを しましょう。

① 10に 2を たす。　② 14から 4を ひく。

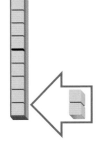

10と 2で？

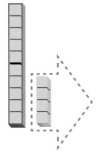

□は
いくつ
のこるかな？

10+ 2 = 12　　14 − □ = □

🎯 めあて

(十いくつ) + (いくつ)の計算ができるようにします。

れんしゅう 2 →

2 13+2の けいさんの しかたを
かんがえましょう。

3と 2で
5だから…。

10と 3

13+2= □

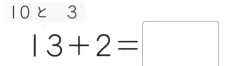

🎯 めあて

(十いくつ) − (いくつ)の計算ができるようにします。

れんしゅう 3 →

3 15−3の けいさんの しかたを
かんがえましょう。

10は そのままで、
わけた かずに
ちゅうもくしよう。

10と 5

15−3= □

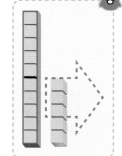

ぴったり ②

れんしゅう

がくしゅうび　　月　　日

★ できた　もんだいには、「た」を　かこう！★

でき ①　でき ②　でき ③

きょうかしょ　87〜88 ページ　こたえ　14 ページ

1 けいさんを　しましょう。

きょうかしょ87ページで、たしざん・ひきざんを　まなぼう。

① 10＋1＝ ☐　　② 10＋8＝ ☐

③ 3＋10＝ ☐　　④ 7＋10＝ ☐

⑤ 12−2＝ ☐　　⑥ 15−5＝ ☐

⑦ 19−9＝ ☐　　⑧ 17−7＝ ☐

2 けいさんを　しましょう。

きょうかしょ88ページの 10 で、たしざんの　しかたを　かんがえよう。

① 12＋4＝ ☐　　② 15＋3＝ ☐

10と　2

③ 11＋6＝ ☐　　④ 14＋5＝ ☐

10と　いくつに　なるかを
かんがえて、けいさんしよう。

！まちがいちゅうい

3 けいさんを　しましょう。

きょうかしょ88ページの 11 で、ひきざんの　しかたを　かんがえよう。

① 16−2＝ ☐　　② 19−7＝ ☐

10と　6

③ 17−4＝ ☐　　④ 18−3＝ ☐

ひんと
2 ①12＋4は、2と　4で　6。10と　6で　16と　かんがえよう。
3 ①16−2は、6から　2を　ひいて　4。10と　4で　14。

⑧ 10より 大きい かず

じかん 30 ぷん
/100
ごうかく 80 てん

きょうかしょ 77〜90 ページ　こたえ 14 ページ

知識・技能　　　　　　　　　　　　　　/90てん

1 いくつ あるでしょうか。　　　　　1つ5てん(10てん)

①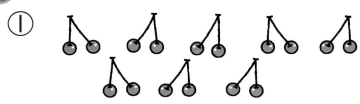

（　　　　）

②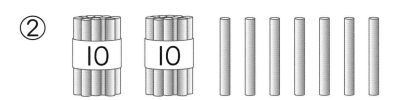

（　　　　）

2 大_{おお}きい ほうに ○_{まる}を つけましょう。　1つ5てん(15てん)

① 18 16　　② 17 20　　③ 25 21
（　）（　）　（　）（　）　（　）（　）

3 よくでる あてはまる かずを かきましょう。

○□1つ5てん(25てん)

① 13　　② □　　③ 22
10 ○　　10 8　　20 ○

④ 8 10 □ 14 □ 18

4 □に あてはまる かずを かきましょう。

□1つ5てん(10てん)

まえから ① [　] 人

まえから ② [　] ばんめ

5 よくでる けいさんを しましょう。

1つ5てん(30てん)

① 10+9=[　]　　② 13+4=[　]

③ 12+6=[　]　　④ 18-8=[　]

⑤ 17-5=[　]　　⑥ 19-3=[　]

思考・判断・表現　　　　　　　　　／10てん

できならすごい!

6 □に あてはまる ことばを かいて、いいかえましょう。

(10てん)

「16は 14より 2 大きい かずです。」

⇕

「14は 16より 2 [　] かずです。」

はってん 10を ひく ひきざん

1 けいさんを しましょう。

① 18-10=[　]

② 13-10=[　]

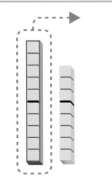

きょうかしょ88ページ

🏠 おうちのかたへ

◀ひかれる数を「10 といくつ」に分けて、10をひくと考えます。

ふろくの「けいさんせんもんドリル」10～11 も やって みよう!

ふりかえり ①が わからない ときは、42ページの ①に もどって かくにんして みよう。

9 かずを せいりして

📖 きょうかしょ 91〜94 ページ　✏️ こたえ 15 ページ

◎ めあて
ものの個数を、絵グラフを使って整理できるようにします。

れんしゅう ①➡

1 くだものの かずを 見やすく せいりしました。

① りんごは 4 こ あります。

② バナナは □ こ あります。

③ いちばん おおい くだものは □ です。

り ん ご	バ ナ ナ	な し	み か ん

せいりすると
かずが
くらべやすいね。

④ なしと みかんでは、□ が □ こ おおいです。

なしは 3こ、
みかんは 5こ
あるね。

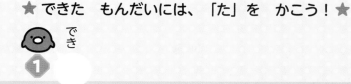
きょうかしょ　91〜94 ページ　　こたえ　15 ページ

① のりものの　かずだけ　いろを　ぬりましょう。

きょうかしょ91〜94ページで、せいりの　しかたを　まなぼう。

した
下から　じゅんに
いろを　ぬろう。

バス	ひこうき	じてんしゃ	トラック

① いちばん　おおい
のりものは　なんでしょうか。
（　　　　　　　　　）

② いちばん　すくない
のりものは　なんでしょうか。
（　　　　　　　　　）

🔍 **よくみて**

③ じてんしゃと　トラックでは、どちらが
なんだい　おおいでしょうか。
（　　　　　　　）が　（　　　　　）だい　おおい。

😊 **ひんと**　かぞえおわった　のりものには　✓のような　しるしを　つけて、
かぞえまちがいの　ないように　しよう。

49

3分でまとめ

⑩ かたちあそび

きょうかしょ　95～100 ページ　こたえ　15 ページ

◎めあて

立体図形を仲間分けし、基本的な立体の特徴がとらえられるようにします。　れんしゅう ①→

1　おなじ　なかまの　かたちを　えらびましょう。

① 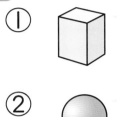　はこの　かたち　

② 　ボールの　かたち

③ 　つつの　かたち

④ 　さいころの　かたち

あ　　　　　　　い
　　　　　　ティッシュペーパー

う　　　　　　　え

たいらな　ところや　まがった
ところは　あるかな？

◎めあて

立体を構成する平面図形の分類ができ、その特徴がとらえられるようにします。　れんしゅう ②→

2　かみに　かたちを　うつしました。
　　うつした　かたちを　えらびましょう。

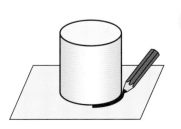

つつの　かたちだね。

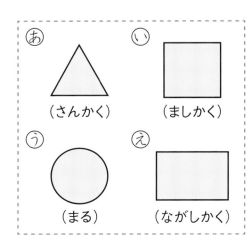

あ（さんかく）　　い（ましかく）

う（まる）　　え（ながしかく）

ぴったり2
れんしゅう

がくしゅうび　　　月　　　日

★ できた もんだいには、「た」を かこう！★

でき ① でき ②

きょうかしょ 95〜100 ページ　こたえ 15 ページ

① おなじ なかまの かたちを せんで
むすびましょう。

きょうかしょ98ページで、なかまの かたちを 見つけよう。

・　　　・　　　・　　　・

・　　　・　　　・　　　・

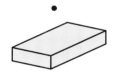　　　

🔍 よくみて

② かたちを うつして えを かきました。
どの かたちで うつしたでしょうか。

きょうかしょ99ページで、うつした かたちを かんがえよう。

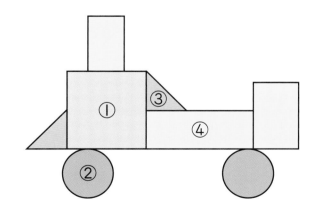

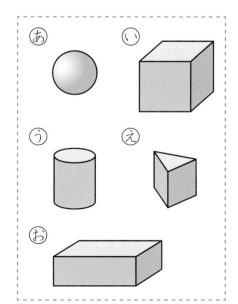

① （　　　　）　② （　　　　）

③ （　　　　）　④ （　　　　）

🐶 ひんと　① 大きさや いろなどが ちがっても、おなじ かたちの なかまに
なる ものを 見つけよう。

51

きょうかしょ 95〜101 ページ　こたえ 16 ページ

知識・技能　／60てん

1  うつした　かたちを　せんで
むすびましょう。

1つ20てん(60てん)

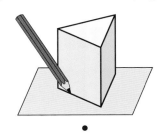 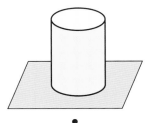 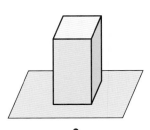

思考・判断・表現　／40てん

2 かたちを　あてましょう。

1つ20てん(40てん)

① まわりが　ぜんぶ　ながしかくの　かたち。

（　　　）

できたらすごい！

② たいらな　ところと　まるい　ところが
ある　かたち。

（　　　）

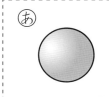 あ　 い　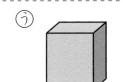 う　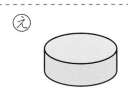 え

ふりかえり　**1**が　わからない　ときは、50ページの　**2**に　もどって　かくにんして　みよう。

こうていで　さんすう

きょうかしょ　102 ページ　　こたえ　16 ページ

1 ドッジボールを　して　いる　子どもが　12人
いました。3人　きました。
　あわせて　なん人に　なったでしょうか。

しき　　　　　　　　　　　　　　　　　こたえ（　　　　　）人

2 ことりが　13わ　いました。
3わ　とんで　いきました。
　のこりは　なんわに　なったでしょうか。

しき　　　　　　　　　　　　　　　こたえ（　　　　　）わ

3 赤い　チューリップが　15本　さいて　います。
きいろい　チューリップは　4本　さいて　います。
　どちらが　なん本　おおいでしょうか。

赤
きいろ
おおい

しき

こたえ（　　　　）チューリップが（　　　　）本　おおい。

⓫ 3つの　かずの
たしざん、ひきざん

3分でまとめ

きょうかしょ 103〜109 ページ　こたえ 17 ページ

◎ めあて

3つの数のたし算やひき算の場面がわかり、式に表せるようにします。　れんしゅう ❶ ❸ →

1　ぜんぶで　なんわに　なったでしょうか。

4わ いました。　　　　3わ きました。　　　　2わ きました。

しき　4 ＋ 3 ☐ 2 ＝ ☐　　　こたえ ☐ わ

4＋3を　さきに　けいさんしよう。

◎ めあて

たし算とひき算のまじった場面がわかり、式に表せるようにします。　れんしゅう ❷ ❸ →

2　なんこに　なったでしょうか。

5こ ありました。　　　2こ とりました。　　　3こ 入れました。

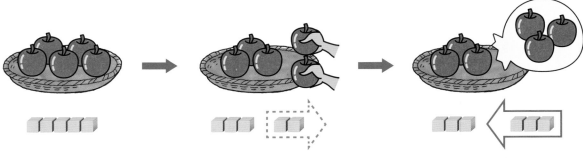

しき　5 ─ 2 ☐ 3 ＝ ☐

左から　じゅんに　けいさんしよう。

5−2＝3、3＋3＝6
これを　1つの　しきに
かくと、
5−2＋3に　なるよ。

こたえ ☐ こ

54

★ できた　もんだいには、「た」を　かこう！★

でき ①　でき ②　でき ③

きょうかしょ 103〜109ページ　こたえ 17ページ

1　のこりは　なん人でしょうか。

きょうかしょ106ページで、3つの　かずの　ひきざんを　かんがえよう。

9人 いました。　　　3人 かえりました。　　　2人 かえりました。

しき 　　　　　　　　　　　　　こたえ（　　　　　）人

！まちがいちゅうい

2　なんわに　なったでしょうか。

きょうかしょ107ページで、3つの　かずの　けいさんを　かんがえよう。

2わ ありました。　　　8わ おりました。　　　5わ あげました。

しき 　　　　　　　　　　　　　こたえ（　　　　　）わ

3　けいさんを　しましょう。

きょうかしょ104〜107ページで、3つの　かずの　けいさんを　れんしゅうしよう。

① 4＋1＋2＝□　　　② 13−3−5＝□

③ 10−5＋3＝□　　　④ 12＋6−7＝□

ひんと ③ ①4＋1＋2は、4＋1＝5、5＋2＝7と　けいさんするよ。
けいさんの　しかたに　ちゅういしよう。

55

11 3つの かずの たしざん、ひきざん

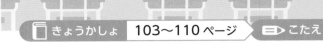
知識・技能　　　／70てん

1 しきに かきましょう。

ぜんぶできて1もん20てん(40てん)

①

かきが
10こ ありました。　　　4こ たべました。　　　3こ おちました。

かきは なんこ のこったでしょうか。

しき　10 ☐ 4 ☐ 3 = ☐

②

いもが
6本 ありました。　　　3本 入れました。　　　4本 たべました。

いもは なん本に なったでしょうか。

しき ☐

2 よくでる けいさんを しましょう。

1つ5てん(30てん)

① 2+8+5=☐　　② 10+3+6=☐

③ 10-4-1=☐　　④ 18-8-3=☐

⑤ 12+3-4=☐　　⑥ 10-6+2=☐

思考・判断・表現　　　　　　　　　　　　　／30てん

3 あめが 15こ ありました。
おやつに 5こ たべました。
その あと 8こ かって きました。
　いま、あめは なんこ あるでしょうか。

1つ10てん(20てん)

しき ☐　　　　　　　こたえ (　　　) こ

できたらすごい！

4 あから うの うち、5-3+2の しきを
あらわす ものを えらびましょう。

(10てん)

あ

い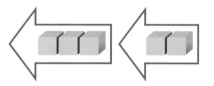

う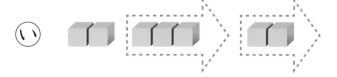

(　　　)

ふりかえり ❶②が わからない ときは、54 ページの **2** に もどって かくにんして みよう。

ぴったり❶ じゅんび

12 たしざん
（くりあがりの　ある　たしざん）

きょうかしょ 111〜119 ページ　　こたえ 18 ページ

◎ めあて
たされる数で 10 をつくる、くり上がりのあるたし算を理解します。　　**れんしゅう ❶→**

1 8＋5の　けいさんを　します。

❶　8は　あと　2　で　10

❷　5を　2と　□　に　わける。

❸　8と　□　で　10

❹　10と　3で　□

❺　8＋5＝□

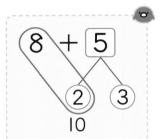

10 の
まとまりを
つくろう。

◎ めあて
たす数で 10 をつくる、くり上がりのあるたし算を理解します。　　**れんしゅう ❷ ❸→**

2 3＋9の　けいさんを　します。

3と　9の　どちらで
10を　つくろうかな？

❶　9は　あと　□　で　10

❷　3を　1と　□　に　わける。

❸　9と　□　で　10

❹　2と　10で　□

❺　3＋9＝□

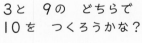

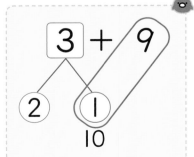

 ぴったり2

れんしゅう

がくしゅうび　　　月　　　日

★ できた　もんだいには、「た」を　かこう！★
でき **1**　でき **2**　でき **3**

📖 きょうかしょ　111〜119ページ　✏ こたえ　18ページ

1 けいさんを　しましょう。

きょうかしょ113〜116ページで、けいさんの　しかたを　かんがえよう。

9+1+2
① 9+3=□　　　② 8+3=□

③ 9+5=□　　　④ 7+4=□

！まちがいちゅうい

2 けいさんを　しましょう。

きょうかしょ117〜118ページで、けいさんの　しかたを　かんがえよう。

1+1+9
① 2+9=□　　　② 4+8=□

③ 3+8=□　　　④ 5+8=□

⑤ 8+9=□　　　⑥ 9+9=□

📖 よくよんで

3 おりがみが　4まい　ありました。
7まい　もらいました。
ぜんぶで　なんまいに
なったでしょうか。

きょうかしょ119ページで、たしざんの　もんだいを　かんがえよう。

しき　□　　　　こたえ（　　　）まい

🐶 **ひんと**　　❷ ⑤8+9は、8で　10を　つくっても、9で　10を　つくっても　いいよ。
じぶんの　やりやすい　ほうほうで　けいさんしよう。

59

ぴったり 1 じゅんび

12 たしざん
（たしざんカード）

きょうかしょ 120〜121 ページ　　こたえ 18 ページ

めあて

カードを使って、くり上がりのあるたし算を練習します。

れんしゅう ①→

1 どの　カードの　こたえでしょうか。

① うら

13

おもて
あ 3＋8　　い 4＋9　　う 7＋7

② うら

15

おもて
あ 7＋8　　い 6＋7　　う 3＋9

カードの　うらには、
おもての　けいさんの
こたえが　かいて　あるよ。

めあて

カードを使って、答えが同じになるたし算について考えます。

れんしゅう ②→

2 こたえが　14に　なる　カードを　見つけましょう。

あ 6＋6　　い 8＋7

う 9＋4　　え 6＋8

こたえが　おなじに
なる　カードを　ならべて、
気が　ついた　ことを
いって　みよう。

★ できた もんだいには、「た」を かこう！★

でき ①　でき ②

きょうかしょ 120〜121 ページ　こたえ 18 ページ

① カードの おもてと うらを せんで むすびましょう。

きょうかしょ120ページで、たしざんの れんしゅうを しよう。

おもて　　　　　　　　　　うら

5＋7 ・　　　　・ 13

7＋4 ・　　　　・ 16

5＋8 ・　　　　・ 11

9＋7 ・　　　　・ 12

はやく 正しく けいさんしよう。

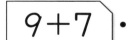 まちがいちゅうい

② こたえが おなじに なる カードを せんで むすびましょう。

きょうかしょ121ページで、おなじ こたえの たしざんを あつめよう。

8＋5 ・　　　　・ 8＋8

7＋9 ・　　　　・ 5＋9

8＋6 ・　　　　・ 7＋6

ひんと　けいさんした こたえを 小さく かいて おくと、まちがえないよ。

ぴったり③ たしかめのテスト

⑫ たしざん

きょうかしょ 111〜122 ページ　こたえ 19 ページ

じかん **30** ぷん

／100

ごうかく **80** てん

知識・技能　　　　　　　　　　　　　　　　　　　　／80てん

1 □に　あてはまる　かずを　かきましょう。

□1つ5てん(20てん)

9+4の　けいさんの　しかた

❶ 9は　あと　□　で　10

❷ 4を　1と　□　に　わける。

❸ 9と　1で　10

❹ 10と　□　で　□

2 よくでる けいさんを　しましょう。

1つ5てん(30てん)

① 9+2=□　　　② 8+8=□

③ 8+4=□　　　④ 6+9=□

⑤ 7+5=□　　　⑥ 9+8=□

3 こたえが　大きい　ほうに　○を　つけましょう。

1つ5てん(10てん)

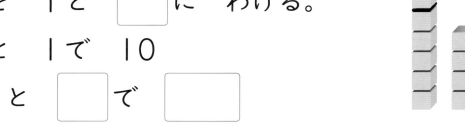

① 4+7　9+6　　② 9+3　19-8

（　　）（　　）　　（　　）（　　）

❹ おなじ こたえに なる しきを せんで
むすびましょう。

1つ5てん（20てん）

7＋7 ·	· 4＋8
5＋6 ·	· 7＋6
4＋9 ·	· 9＋5
5＋7 ·	· 10＋4−3

思考・判断・表現　　　　　　　　　　　／20てん

❺ よくでる なしを、ゆみさんは 7こ、
ひろしさんは 8こ とりました。
　あわせて なんこ
とったでしょうか。

1つ5てん（10てん）

しき 　　　　　　　　　　　　　　こたえ（　　　　）こ

❻ こたえが 16に なる たしざんを 2つ
つくりましょう。

しき 1つ5てん（10てん）

□＋□＝16　　　　□＋□＝16

 ❶が わからない ときは、58ページの ❶に もどって かくにんして みよう。

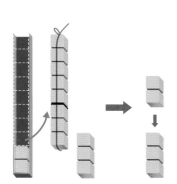

ぴったり ① じゅんび

⑬ ひきざん

（くりさがりの　ある　ひきざん）

3分でまとめ

きょうかしょ　123〜131 ページ　　こたえ　19 ページ

めあて

ひかれる数を「10 といくつ」に分ける、くり下がりのあるひき算を理解します。　　**れんしゅう ① ③ →**

1 13−8の　けいさんを　します。

❶　13 は　[10]　と　3

❷　10 から　[　]　を　ひいて　2

❸　3と　2で　[　]

❹　13−8＝[　]

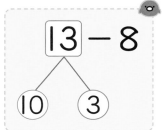

13−8

10　　3

10 から　8を
ひくんだね。

めあて

ひく数を 2つに分けて、2回ひいてくり下げるひき算を理解します。　　**れんしゅう ② →**

2 13−4の　けいさんを　します。

❶　4は　3と　[　]

❷　13 から　[　]　を　ひくと　10

❸　10 から　1を　ひくと　[　]

❹　13−4＝[　]

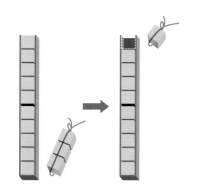

4を　2つに　わけて、
じゅんに　ひいて
いくんだね。

ぴったり 2
れんしゅう

がくしゅうび　　　　　月　　　日

★ できた　もんだいには、「た」を　かこう！★

でき ① 　でき ② 　でき ③

きょうかしょ　123〜131 ページ　こたえ　19 ページ

1 けいさんを　しましょう。

きょうかしょ125〜128ページで、けいさんの　しかたを　かんがえよう。

10−9＋1

① 11−9＝ ☐ 　　② 12−8＝ ☐

③ 13−9＝ ☐ 　　④ 11−8＝ ☐

！まちがいちゅうい

2 けいさんを　しましょう。

きょうかしょ129〜130ページで、けいさんの　しかたを　かんがえよう。

14−4−1

① 14−5＝ ☐ 　　② 13−5＝ ☐

③ 11−2＝ ☐ 　　④ 12−4＝ ☐

⑤ 15−8＝ ☐ 　　⑥ 13−6＝ ☐

📖 よくよんで

3 みかんが　12こ　ありました。
9こ　たべました。
　のこりは　なんこに
なったでしょうか。

きょうかしょ131ページで、ひきざんの　もんだいを　かんがえよう。

しき ☐ 　　　　こたえ （　　　）こ

ひんと ②⑤15−8は、10−8＋5と　けいさんしても、15−5−3と　けいさん
しても　いいよ。じぶんの　やりやすい　ほうほうで　けいさんしよう。

じゅんび

（ひきざんカード）

きょうかしょ 132〜133 ページ　　こたえ 20 ページ

めあて

カードを使って、くり下がりのあるひき算を練習します。

れんしゅう **1**→

1 どの　カードの　こたえでしょうか。

① うら

4

おもて

ⓐ 14−7　　ⓘ 15−9　　ⓤ 11−7

② うら

8

おもて

ⓐ 12−4　　ⓘ 18−9　　ⓤ 11−5

めあて

カードを使って、答えが同じになるひき算について考えます。

れんしゅう **2**→

2 こたえが　5に　なる　カードを　見つけましょう。

ⓐ 11−4　　ⓘ 13−8

ⓤ 13−7　　ⓔ 12−8

ひきざんは　たしざんより
むずかしいので、
たくさん　れんしゅうしよう。

きょうかしょ　132～133 ページ　　こたえ　20 ページ

❶ カードの　おもてと　うらを　せんで
むすびましょう。

きょうかしょ132ページで、ひきざんの　れんしゅうを　しよう。

おもて　　　　　　　　　　　うら

12−7 ・　　　　　・ 9

16−9 ・　　　　　・ 5

11−8 ・　　　　　・ 3

15−6 ・　　　　　・ 7

！ まちがいちゅうい

❷ こたえが　おなじに　なる　カードを　せんで
むすびましょう。

きょうかしょ133ページで、おなじ　こたえの　ひきざんを　あつめよう。

17−8 ・　　　　　・ 13−5

12−6 ・　　　　　・ 16−7

11−3 ・　　　　　・ 14−8

ひんと カードを　つかって、はやく　せいかくに　けいさんできるように
れんしゅうしよう。

ぴったり3 たしかめのテスト

⑬ ひきざん

じかん 30 ぷん

／100

ごうかく 80 てん

きょうかしょ 123～134 ページ　こたえ 20 ページ

知識・技能　　　　　　　　　　　　　　　　　　　　　　／80てん

① □に　あてはまる　かずを　かきましょう。

□1つ5てん(20てん)

12－7の　けいさんの　しかた

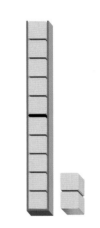

❶ 12は　10と　□

❷ 10から　7を　ひいて　□

❸ 2と　□　で　□

② よくでる　けいさんを　しましょう。

1つ5てん(30てん)

① 11－5＝□　　　② 13－7＝□

③ 14－9＝□　　　④ 14－6＝□

⑤ 12－3＝□　　　⑥ 15－7＝□

③ こたえが　大きい　ほうに　〇を　つけましょう。

1つ5てん(10てん)

① | 11－2 | | 16－8 |　　② | 13－4 | | 17－6 |

（　　）　（　　）　　　　（　　）　（　　）

68

❹ おなじ　こたえに　なる　しきを　せんで
むすびましょう。

1つ5てん（20てん）

17−9・　　　　　　　　　・15−6

11−6・　　　　　　　　　・13−5

16−7・　　　　　　　　　・15−8

12−5・　　　　　　　　　・10+2−7

思考・判断・表現　　　　　　　　　　　　　　／20てん

❺ よくでる バスに　おきゃくが
14人　のって　います。
その　うち　8人は　おとなです。
子どもは　なん人　のって
いるでしょうか。

1つ5てん（10てん）

しき ［　　　　　　　　　　　　　　　］　　こたえ（　　　　）人

できたらすごい！

❻ □に　あてはまる　かずを　かきましょう。 （10てん）

$$\boxed{} - \boxed{2} = 9$$

ふろくの「けいさんせんもんドリル」22〜28も やって みよう！

ふりかえり ❶が　わからない　ときは、64ページの　❶に　もどって　かくにんして　みよう。

さんすうワールド

どこに あるかな

きょうかしょ　135ページ　こたえ　21ページ

1 ものが おいて ある ばしょを こたえましょう。

れい　ぼうしは 上から 1だんめ、
左から 2ばんめに あります。

① うさぎの ぬいぐるみは 上から □ だんめ、

左から □ ばんめに あります。

上、下、左、右の
どこから かぞえて
いるかを かんがえよう。

② なわとびは 下から □ だんめ、

右から □ ばんめに あります。

2 みんなの つくえの ばしょを こたえましょう。

| れい | あおいさんは まえから 1ばんめ、
まどがわから 2ばんめに います。 |

① ひなたさんは まえから ☐ ばんめ、

まどがわから ☐ ばんめに います。

ひなたさんの ばしょを
ちがう いいかたで
せつめいして みよう！

② りんさんは うしろから ☐ ばんめ、

ろうかがわから ☐ ばんめに います。

きょうかしょ　136〜141 ページ　こたえ　21 ページ

◎ **めあて**
長さのいろいろな比べ方がわかるようにします。

れんしゅう ① →

1 どちらが　ながいでしょうか。

①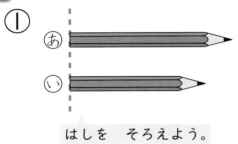

はしを　そろえよう。

あ

②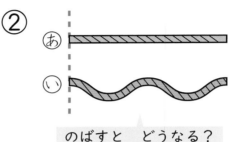

のばすと　どうなる？

③

あと　いの　ながさを
テープに　うつして
くらべて　いるよ。

◎ **めあて**
鉛筆などを単位として、長さを数値化する意味を理解します。

れんしゅう ② ③ →

2 つくえの　たてと　よこの　ながさは、どれだけ
ちがうでしょうか。

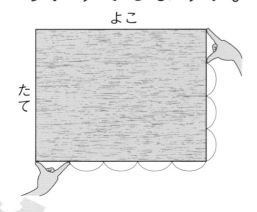

たては、ゆび 4 こぶん。

よこは、ゆび ☐ こぶん。

よこ が、ゆび ☐ こぶん

ながい。

★ できた　もんだいには、「た」を　かこう！★

でき①　でき②　でき③

きょうかしょ　136〜141ページ　こたえ　21ページ

① どちらが　ながいでしょうか。

きょうかしょ137〜139ページで、ながさの　くらべかたを　かんがえよう。

①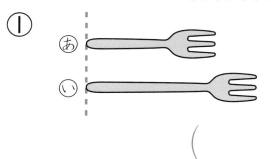

②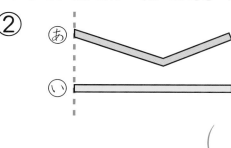

（　　　　　）　　　　　　　　（　　　　　）

② 本ばこの　たかさを　くらべました。
□に　あてはまる　ものを　かきましょう。

きょうかしょ140ページで、ながさの　くらべかたを　かんがえよう。

あ　　い

おなじ　えんぴつを　つかうよ。

あは　えんぴつ　□本ぶん。

いは　えんぴつ　□本ぶん。

□が　えんぴつ　□本ぶん
たかい。

🔍**よくみて**

③ ながい　じゅんに　あ、い、うを　ならべましょう。

きょうかしょ141ページで、ながさの　くらべかたを　かんがえよう。

ますの
いくつぶんの
ながさかな？

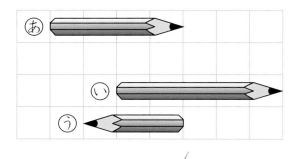

えんぴつの　むきは
かんけいないね。

（　　　→　　　→　　　）

ひんと ① ②はしが　そろって　いるので、まがって　いる　ほうが　ながいよ。
③ あは　ます　4こぶん、いは　5こぶん、うは　3こぶんだよ。

73

14 くらべかた
水の　かさしらべ
ひろさくらべ

3分でまとめ

きょうかしょ　142～146ページ　こたえ　22ページ

めあて

入れ物などに入る、水のかさ（容積）を比べられるようにします。　れんしゅう 1 2 →

1 水は　どちらに　おおく　入るでしょうか。

① ⓐ　ⓘ

あふれた

あ

②

ⓐ

ⓘ

水の　かさを
コップの　かずで
くらべて　いるよ。

めあて

広さ（面積）が比べられるようにします。　れんしゅう 3 →

2 どちらが　ひろいでしょうか。

　ⓐ

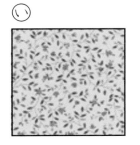　ⓘ

かさねると

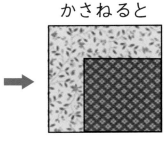

はみでた　ほうが
ひろいね。

★ できた もんだいには、「た」を かこう！ ★

でき ① でき ② でき ③

きょうかしょ 142〜146 ページ　こたえ 22 ページ

1 水は どちらが おおいでしょうか。

きょうかしょ142〜143ページで、かさの くらべかたを かんがえよう。

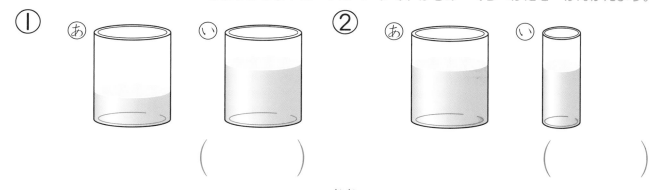

① ⓐ　ⓘ　　（　　　）　　② ⓐ　ⓘ　　（　　　）

2 どちらの 入れものが 大きいでしょうか。

きょうかしょ143ページの ⑥で、入れものの 大きさの くらべかたを かんがえよう。

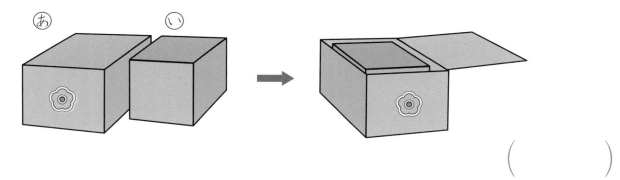

（　　　）

！まちがいちゅうい

3 じんとりゲームを して います。
どちらが ひろく ぬったでしょうか。

きょうかしょ145〜146ページで、ひろさの くらべかたを かんがえよう。

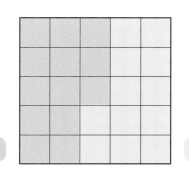

□の かずを
くらべよう。

りか　　　そうた

（　　　）

ひんと　① ①入れものの 大きさが おなじ、②水の たかさが おなじだね。
　　　　② ⓘは ⓐの 中に 入って しまうので、ⓘの ほうが 小さいね。

ぴったり3
たしかめのテスト

⑭ くらべかた

じかん **30** ぷん

／100

ごうかく **80** てん

きょうかしょ **136～147 ページ** | こたえ **22 ページ**

知識・技能 　　　　　　　　　　　　　　　　　　　　　／80てん

1 よくでる **どちらが ながいでしょうか。** 1つ10てん(20てん)

①

（　　　）

②

（　　　）

2 **えを 見て こたえましょう。** 1つ10てん(20てん)

① ながい じゅんに、
　 あ、い、う、えを
　 ならべましょう。

（　　 → 　　 → 　　 → 　　）

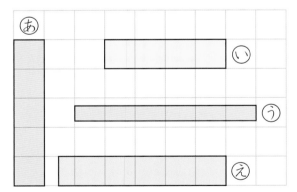

② いと うの ながさの
　 ちがいは いくつでしょう。　　ます □ こぶん

76

③ テープを　つかって、水そうの　たて、よこ、たかさの　ながさを　しらべました。
ながい　じゅんに　ならべましょう。

(20てん)

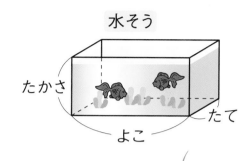

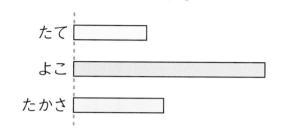

たて

よこ

たかさ

(　　　→　　　→　　　)

④ よくでる　水が　おおく　入る　じゅんに、あ、い、うを　ならべましょう。

(20てん)

あ

い

う

(　　　→　　　→　　　)

思考・判断・表現　　　　　　／20てん

できたらすごい！

⑤ 赤と　青が　おなじ　ひろさに　なって　いる
ものを　2つ　えらびましょう。

(20てん)

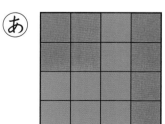 あ

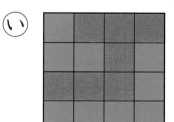 い

 う

(　　　と　　　)

ふりかえり　❶が　わからない　ときは、72ページの　❶に　もどって　かくにんして　みよう。

この　ほんの　おわりに　ある　「ふゆの　チャレンジテスト」を　やって　みよう！

ぴったり 1 じゅんび

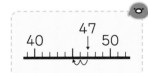

15 大きな かず
（100までの かず）

きょうかしょ 150〜158ページ　こたえ 23ページ

めあて
100までの数の数え方・書き方・構成を理解します。　**れんしゅう 1→**

1 いくつ あるでしょうか。

①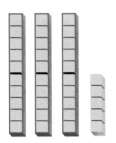

10が 3こと、
1が 5こで

さんじゅう ご

3 5
十のくらい　　一のくらい

②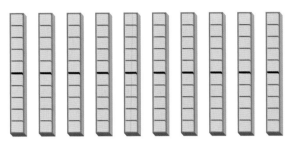

10が 10こで

ひゃく
[　　　]

100（百）は、99より
1 大きい かずだよ。

めあて
数の線を見て、2けたの数の大小や、並び方（系列）がわかるようにします。　**れんしゅう 2 3→**

2 □に あてはまる かずを かきましょう。

① 78より 10 大きい かずは [　　　] です。

② 47より 2 小さい かずは
[　　　] です。

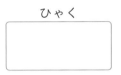
40　　47　50

③ [　　　]より 1 大きい かずは
100です。

100より 1 小さい かずは…？

78

★ できた　もんだいには、「た」を　かこう！★

でき ① 　 でき ② 　 でき ③

📖 きょうかしょ 150〜158 ページ 　 ➡ こたえ 23 ページ

1 □に　あてはまる　かずを　かきましょう。

きょうかしょ152〜155ページで、かずの　しくみを　学ぼう。

① 　10を　4こと、1を　9こ　あわせた　かずは
□　です。

② 　10を　6こ　あつめた　かずは □　です。

③ 　52は、□を　5こと、1を　□こ
あわせた　かずです。

④ 　39の　十のくらいの　すう字は □ 、
一のくらいの　すう字は □　です。

🔍 よくみて

2 大きい　ほうに　〇を　つけましょう。

きょうかしょ158ページの　⑥で、かずの　大きさを　かんがえよう。

① | 96 | 98 |　② | 76 | 67 |
（　　） （　　） 　 （　　） （　　）

⚠ まちがいちゅうい

3 □に　あてはまる　かずを　かきましょう。

きょうかしょ158ページの　⑦で、かずの　じゅんばんを　かんがえよう。

60 　 65 　 □ 　 75 　 □

ひんと ❷ 大きさを　くらべる　ときは、十のくらいの　すう字から　くらべるよ。
❸ めもりが　1つ　ふえると、5　ふえて　いるよ。

きょうかしょ　159〜161 ページ　こたえ　23 ページ

◎ めあて

100 より大きい数の数え方・書き方を理解します。　　れんしゅう ①②→

1 いくつ あるでしょうか。

100 と 12 を あわせた

かずは ｜｜2 です。
ひゃくじゅうに

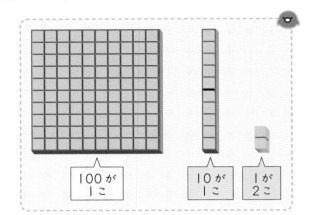

100 が 1 こ　　10 が 1 こ　　1 が 2 こ

はってん

十のくらいの 1つ 左の くらいを
百のくらいと いうよ。

百の くらい	十の くらい	一の くらい
1	1	2

◎ めあて

100 より大きい数の大小や、並び方がわかるようにします。　　れんしゅう ③④→

2 大きい ほうに ○を つけましょう。

① | 110 |　| 103 |　② | 116 |　| 121 |

（　　）　（　　）　　（　　）　（　　）

3 □に あてはまる かずを かきましょう。

① 100 より 8 大きい

かずは □ です。

100　　110

② 110 より 3 小さい

かずは □ です。

1 おりがみは なんまい あるでしょうか。

きょうかしょ159〜160ページで、100より 大きい かずを 学ぼう。

|100| |10|

（　　　　　　　　　）まい

2 すう字で かきましょう。

きょうかしょ160ページで、100より 大きい かずを かこう。

① 百十三　　　　　　　　② 百二十

（　　　　　　　）　　　　　　（　　　　　　　）

3 大きい ほうに ○を つけましょう。

きょうかしょ161ページの ◈で、100より 大きい かずの 大きさを かんがえよう。

① | 101 | 120 |　　② | 99 | 114 |

（　　）（　　）　　　　（　　）（　　）

🔍 **よくみて**

4 □に あてはまる かずを かきましょう。

きょうかしょ161ページの ◈で、かずの ならびかたを かんがえよう。

① | 116 | | | 118 | 119 | |

② | | 90 | 100 | | 120 |

ひんと　**3** ②99は 100より 小さい かずだね。
　　　　　4 ①は 1ずつ、②は 10ずつ ふえて いるね。

⑮ 大きな　かず
たしざんと　ひきざん

きょうかしょ 162〜163 ページ　こたえ 24 ページ

めあて

（何十）と（何十）のたし算・ひき算ができるようにします。　　れんしゅう 1 →

1 30＋10の　けいさんの　しかたを　かんがえます。

10の　まとまりで
かんがえると、

3＋1＝□

10の　まとまりが
4こで □

30＋10＝□

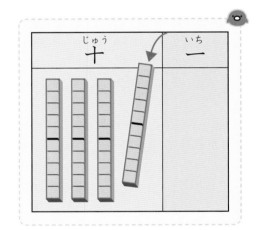

めあて

（何十いくつ）と（いくつ）のたし算・ひき算ができるようにします。　　れんしゅう 2 3 →

2 32＋5の　けいさんの　しかたを　かんがえます。

32 は、30 と □

一のくらいが、2＋5＝□

32＋5＝□

一のくらいの　2に
5を　たすんだね。

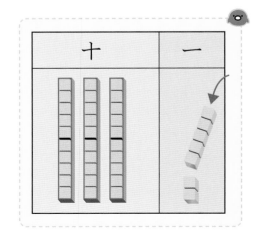

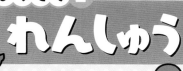

れんしゅう

ぴったり 2

★ できた　もんだいには、「た」を　かこう！ ★

でき ① 　でき ② 　でき ③

📖 きょうかしょ 162〜163ページ ▷ こたえ 24ページ

1 けいさんを　しましょう。

きょうかしょ162ページで、けいさんの　しかたを　かんがえよう。

① 30＋20＝ ☐ 　　② 40＋60＝ ☐

③ 50－10＝ ☐ 　　④ 90－70＝ ☐

10の　まとまりで　かんがえると…？

2 けいさんを　しましょう。

きょうかしょ163ページで、けいさんの　しかたを　かんがえよう。

① 86＋2＝ ☐ 　　**！まちがいちゅうい**　② 5＋43＝ ☐

③ 7＋60＝ ☐ 　　④ 39－8＝ ☐

⑤ 46－2＝ ☐ 　　⑥ 79－9＝ ☐

📖 よくよんで

3 あめを　28こ　もって　います。
　4こ　たべると、のこりは　なんこに
なるでしょうか。　きょうかしょ163ページで、ひきざんの　もんだいを　かんがえよう。

しき ☐ 　　　　こたえ（ 　　　 ）こ

ひんと ② ②5＋43＝93では　ないよ。5は　どの　すう字に　たすのかな？
43を　40と　3に　わけて　かんがえよう。

83

ぴったり3
たしかめのテスト

⑮ 大きな かず

じかん 30 ぷん

／100

ごうかく 80 てん

きょうかしょ 150〜164 ページ　　こたえ 24 ページ

知識・技能　　　　　　　　　　　　　　　　　／80てん

1 いくつ あるでしょうか。　　　　　1つ5てん(10てん)

①

（　　　　　）

②

（　　　　　）

2 大きい ほうに ○を つけましょう。　　1つ5てん(10てん)

① | 46 | | 64 |　② | 111 | | 99 |

（　　　）（　　　）　　（　　　）（　　　）

3 よくでる □に あてはまる かずを かきましょう。

□1つ4てん(28てん)

① | 96 | | | 98 | 99 | |

② | 70 | 68 | | 64 | |

③ | | 100 | 105 | | |

84

4 よくでる けいさんを しましょう。 1つ4てん(32てん)

① 50+30= ☐　　② 20+80= ☐

③ 90−40= ☐　　④ 70−60= ☐

⑤ 71+8= ☐　　⑥ 5+20= ☐

⑦ 39−7= ☐　　⑧ 86−6= ☐

思考・判断・表現　　　　　　　　　　／20てん

5 赤い おりがみが 40まい、青い おりがみが
30まい あります。
　あわせて なんまい あるでしょうか。 1つ5てん(10てん)

しき ☐　　　　こたえ（　　　）まい

6 みかんが 37こ ありました。7こ たべました。
のこりは なんこに なったでしょうか。
1つ5てん(10てん)

しき ☐　　　　こたえ（　　　）こ

ふりかえり ❶②が わからない ときは、80ページの ❶に もどって かくにんして みよう。

ぴったり1 じゅんび
ぴったり2 れんしゅう

3分でまとめ

16 なんじなんぷん

でき
1

きょうかしょ 165〜168 ページ ▶ こたえ 25 ページ

めあて
〇時〇分の時計のよみ方や時計のしくみを理解します。

れんしゅう 1 →

1 とけいを よみましょう。

みじかい はりが 3と
4の あいだ ➡ 3 じ〜

ながい はりが、
30 ぷんと あと 2めもり

➡ ☐ ふん

➡ ☐ じ ☐ ふん

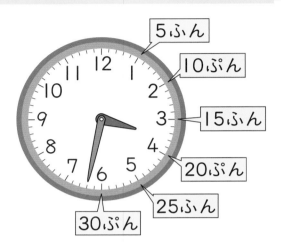

1めもりは
1ぷんを あらわして
いるよ。

よくみて

1 なんじなんぷんでしょうか。

きょうかしょ166〜168ページで、とけいの よみかたを 学ぼう。

①

②

③

(じ ふん)(じ ふん)(じ ふん)

86

ひんと 1 ①みじかい はりは 5に ちかいけど、「〇じ」は 4と 5の
小さい ほうの すう字を よむよ。

⑯ なんじなんぷん

じかん **20** ぷん

／100

ごうかく **80** てん

 きょうかしょ　165〜169 ページ　　こたえ　25 ページ

知識・技能 ／60てん

❶ よくでる　おなじ　ものを　せんで　むすびましょう。

1つ20てん(60てん)

・　　　　・　　　　・

・　　　　・　　　　・

| 9じ30ぷん | 10じ57ふん | 3じ37ふん |

思考・判断・表現 ／40てん

❷ ながい　はりを　せんで　かきましょう。　1つ20てん(40てん)

できたらスゴイ！

① 　　　　　　　②

6:45　　　　　11:24

おなじ　かずずつに　わけよう

きょうかしょ　170ページ　　こたえ　25ページ

1 下の　みかんを、おなじ　かずずつに　わけます。

① みかんは　なんこ　あるでしょうか。

（　　　　）こ

② 2こずつ　わけます。
2こずつ　◯で　かこみましょう。

上の　えを　つかって、
◯で　かこんで　みよう。

③ ②の　ことを　しきに　あらわしましょう。

$$2 + \boxed{} + \boxed{} + \boxed{} = 8$$

④ おなじ　かずずつ　2人で　わけると、
1人ぶんは　なんこに　なるでしょうか。

しきに　あらわすと　$\boxed{} + \boxed{} = 8$
　　　　　　　　　　　　1人ぶん　　1人ぶん

（　　　　）こ

2 下の　あめを、おなじ　かずずつに　わけます。

① あめは　なんこ　あるでしょうか。

（　　　　）こ

② 3こずつ　わけます。
3こずつ　◯で　かこみましょう。

上の　えの　あめを、
3こずつ　◯で
かこもう。

③ ②の　ことを　しきに　あらわしましょう。

□ ＋ □ ＋ □ ＋ □ ＋ □ ＝ 15

④ おなじ　かずずつ　3人で　わけると、
1人ぶんは　なんこに　なるでしょうか。

□ ＋ □ ＋ □ ＝ 15

（　　　　）こ

ぴったり 1 じゅんび

17 どんな しきに なるかな

じゅんばんの かずの けいさん

きょうかしょ 171〜173ページ　こたえ 26ページ

めあて

順序を表す数の問題を、たし算で解けるようにします。

れんしゅう **1** →

1 えみさんは まえから
4ばんめに います。
えみさんの うしろには
3人(にん) います。
　ぜんぶで なん人 いるでしょうか。

まえ

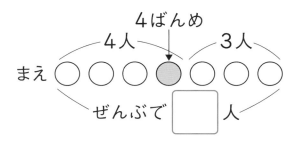

4ばんめ
4人　　　3人
まえ ○○○●○○○
ぜんぶで □ 人

○の ずに あらわして
かんがえよう。

しき 4 + 3 =

こたえ（　　　）人

めあて

順序を表す数の問題を、ひき算で解けるようにします。

れんしゅう **2** →

2 8人 ならんで います。
けんたさんは まえから
3ばんめです。
　けんたさんの うしろには
なん人 いるでしょうか。

まえ

3ばんめ
　　　8人
まえ ○○●○○○○○
3人　　うしろに
　　□ 人

しき

こたえ（　　　）人

★ できた　もんだいには、「た」を　かこう！★

でき　１

でき　２

きょうかしょ　171〜173 ページ　　こたえ　26 ページ

1 みほさんは　まえから　5ばんめに　います。
みほさんの　うしろには　2人（ふたり）　います。
ぜんぶで　なん人　いるでしょうか。

きょうかしょ172ページで、もんだいの　ときかたを　かんがえよう。

まえ

しき　[　　　　　　　]　　　　　こたえ（　　　）人

📖 よくよんで

2 7人が　じゅんばんに　ゴールしました。
りくさんは
3ばんめでした。
りくさんの　うしろには
なん人　いたでしょうか。

ゴール

きょうかしょ173ページで、もんだいの　ときかたを　かんがえよう。

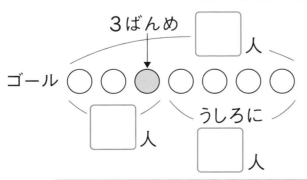

3ばんめ　　□人
ゴール　○○●○○○○
□人　うしろに　□人

ずの　□に
かずを　かこう。

しき　[　　　　　　　]　　　　　こたえ（　　　）人

ひんと　　❶ ○の　ずに　あらわして　みよう。みほさんまでに　5人　いる　ことが
わかるね。

91

ぴったり① じゅんび

17 どんな しきに なるかな
ちがいを かんがえる けいさん

がくしゅうび 月 日

3分でまとめ

きょうかしょ 174〜175ページ　こたえ 26ページ

めあて

多い方の数を求める問題が解けるようにします。　　れんしゅう ①→

1 みなとさんは 貝を 7こ ひろいました。
あすかさんは みなとさんより 3こ おおく
ひろいました。
　あすかさんは なんこ ひろったでしょうか。

7こ

みなと ○○○○○○○
あすか ○○○○○○○○○○

3こ
おおい

□こ

しき ［　　　　　　　　　　　　　　　　　］　こたえ □ こ

めあて

少ない方の数を求める問題が解けるようにします。　　れんしゅう ②→

2 みかんが 9こ あります。
りんごは みかんより 3こ すくないそうです。
　りんごは なんこ あるでしょうか。

9こ

みかん ○○○○○○○○○
りんご ○○○○○○ ○○○

□こ　　3こ
　　　すくない

しきは、たしざんかな？
ひきざんかな？

しき ［　　　　　　　　　　　　　　　　　］　こたえ □ こ

ぴったり 2

れんしゅう

がくしゅうび

月　　　日

★ できた もんだいには、「た」を かこう！★

でき 1　　でき 2

きょうかしょ　174〜175 ページ　　こたえ　26 ページ

1 ねこが　6ぴき　います。

犬は　ねこより　3びき　おおいです。

犬は　なんびき　いるでしょうか。

きょうかしょ174ページで、おおい　かずの　もとめかたを　かんがえよう。

6ぴき

ねこ　○○○○○○

3びき
おおい

犬　○○○○○○ ○○○

しき [　　　　　　　　　　　　　] こたえ（　　　）ひき

📖 よくよんで

2 あさがおの　花が　8本　さいて　います。

ひまわりの　花は　あさがおより　4本　すくない そうです。

　ひまわりの　花は　なん本　さいて　いるでしょう か。

きょうかしょ175ページで、すくない　かずの　もとめかたを　かんがえよう。

[　]本

あさがお　○○○○○○○○

ひまわり　○○○ ⦿⦿⦿⦿⦿

[　]本 すくない

□に　かずを
かき入れて
かんがえよう。

しき [　　　　　　　　　　　　　] こたえ（　　　）本

😊 ひんと　おおい ほうの かずは たしざんで、すくない ほうの かずは ひきざんで もとめよう。

93

⑰ どんな しきに
なるかな

きょうかしょ 171〜176 ページ　こたえ 27 ページ

知識・技能　　　　　　　　　　　　　　　　　/10てん

❶ つぎの ばめんを あらわして いる ずを
あ、いから えらびましょう。

(10てん)

> 赤い おりがみが 4まい あります。
> 青い おりがみは 赤い おりがみより
> 2まい すくないです。

あ　赤 ○○○○
　　青 ○○○○○○

い　赤 ○○○○
　　青 ○○⸝⸍⸝⸍

（　　　）

思考・判断・表現　　　　　　　　　　　　　　/90てん

❷ そうたさんは まえから 4ばんめに います。
そうたさんの うしろには 6人 います。
　ぜんぶで なん人 いるでしょうか。
　ずの □ に あてはまる かずを 入れて
こたえましょう。

ず 10てん、しき・こたえ 1つ10てん(30てん)

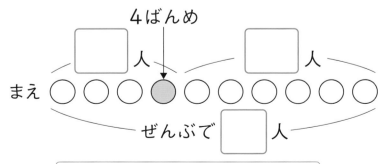

4ばんめ

□人　　　　　□人

まえ ○○○●○○○○○○

ぜんぶで □ 人

しき [　　　　　　　]　　こたえ（　　　）人

③ よくでる　ふうとうが　10まい　あります。
　カードは　ふうとうより　4まい　すくないです。
　　カードは　なんまい　あるでしょうか。
1つ10てん(20てん)

しき　[　　　　　　　　　　]　　　こたえ（　　　　　）まい

できたらスゴイ!

④ はるさんは　7人の　チームで　リレーに　出ます。
はるさんの　あとには　2人　はしるそうです。
　　はるさんは　まえから　なんばんめに
はしるでしょうか。
1つ10てん(20てん)

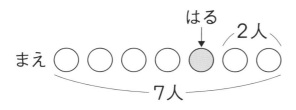

しき　[　　　　　　　　　　]　　　こたえ（　　　　　）ばんめ

できたらスゴイ!

⑤ なおさんは　おはじきを　4こ　もって　います。
ひろとさんは　なおさんより　1こ　おおく　もって
います。りかさんは　ひろとさんより　3こ　おおく
もって　います。
　　りかさんは　おはじきを　なんこ　もって
いるでしょうか。
1つ10てん(20てん)

しき　[　　　　　　　　　　]　　　こたえ（　　　　　）こ

ふりかえり　❶が　わからない　ときは、92ページの　❷に　もどって　かくにんして　みよう。

ぴったり①
じゅんび

18 かたちづくり
かたちづくり

3分でまとめ

きょうかしょ 177〜182 ページ こたえ 27 ページ

めあて

色板を使って、三角形や四角形の構成や分解ができるようにします。

れんしゅう ①→

1 つぎの　かたちは、右の　いろいたを
なんまい　つかうと　できるでしょうか。

①

②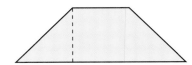

さんかくに
わけて　みよう。

うらがえしたり、
まわしたり　して
ならべたよ。

 2 まい

  まい

めあて

ストローを使って形を作り、図形の要素に関する理解を深めます。

れんしゅう ② ③→

2 ストローで　かたちを　つくりました。
なん本　つかったでしょうか。

①

②

③

①は　しかく、
②は　さんかくだね。

4 本

 本

本

きょうかしょ 177〜182ページ　こたえ 27ページ

1 つぎの　かたちは、右の　いろいたを
なんまい　つかうと　できるでしょうか。

きょうかしょ178〜179ページで、いろいたの　ならべかたを　かんがえよう。

① 　　② 　　③

（　　　）まい　　（　　　）まい　　（　　　）まい

 よくみて

2 ストローを　なん本　つかったでしょうか。

きょうかしょ181ページで、かたちの　つくりかたを　かんがえよう。

① 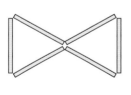　　②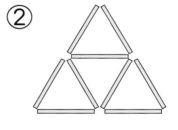

（　　　）本　　　　　　　　　（　　　）本

3 ・と　・を　せんで　むすんで、つぎの　かたちを
かきましょう。　きょうかしょ182ページで、かたちの　つくりかたを　れんしゅうしよう。

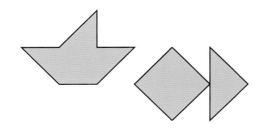

ひんと　① わかりにくい　ときは、いろいたを　べつの　かみに　うつしとって、
それぞれの　かたちの　上に　かさねて　かんがえよう。

97

ぴったり3
たしかめのテスト

⑱ **かたちづくり**

じかん **30** ぷん

／100

ごうかく **80** てん

きょうかしょ 177〜183 ページ ▶ こたえ 28 ページ

知識・技能 ／50てん

1 よくでる つぎの かたちは、⑧の さんかくを
なんまい つかうと できるでしょうか。 1つ10てん(30てん)

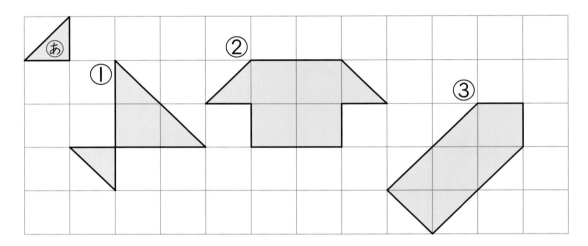

① ( )まい ② ( )まい ③ ( )まい

2 よくでる ストローを なん本 つかったでしょうか。 1つ10てん(20てん)

①

②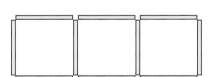

( )本 ( )本

思考・判断・表現　　　　　　　　／50てん

③ ・と　・を　せんで　むすんで、つぎの　かたちを
かきましょう。

1つ10てん（20てん）

① 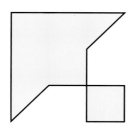　　　②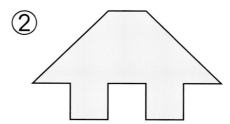

できたらスゴイ！

④ １まいだけ　うごかして　右の　かたちを
つくりました。どの　いろいたを
うごかしたでしょうか。

1つ10てん（30てん）

① 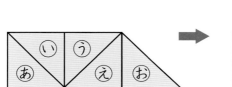 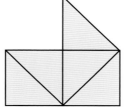 （　　）

② 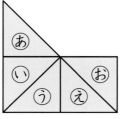 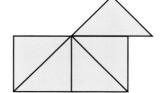 （　　）

③ 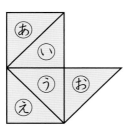 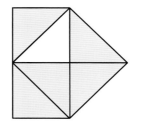 （　　）

ふりかえり ❶が　わからない　ときは、96ページの ❶に　もどって　かくにんして　みよう。

1年の　まとめ

（かずと　けいさん－（1））

がくしゅうび　　月　　日

じかん **20** ぷん
／100
ごうかく **80** てん

きょうかしょ 184ページ　こたえ 28ページ

1 いくつ　あるでしょうか。

1つ10てん（20てん）

①

（　　　　　）

②

（　　　　　）

2 □に　あてはまる　かずを　かきましょう。
□1つ10てん（30てん）

① 65は、10を

□ こと　1を　□ こ

あわせた　かずです。

② 100は、10を

□ こ　あつめた

かずです。

3 大きい　ほうに　○を　つけましょう。

1つ10てん（30てん）

① 32　29

（　）（　）

② 84　87

（　）（　）

③ 106　95

（　）（　）

4 あ、いに　あてはまる　かずを　こたえましょう。

1つ5てん（20てん）

① 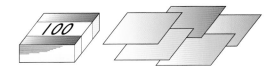 60　70　あ　90　い

あ（　　　　　）　い（　　　　　）

② 100　あ　い　115　120

あ（　　　　　）　い（　　　　　）

1 けいさんを　しましょう。

1つ5てん（20てん）

① 2+8=

② 6+0=

③ 7-2=

④ 10-9=

2 けいさんを　しましょう。

1つ7てん（28てん）

① 9+2=

② 8+9=

③ 11-7=

④ 14-6=

3 けいさんを　しましょう。

1つ7てん（28てん）

① 40+50=

② 6+30=

③ 80-70=

④ 29-6=

4 ☐に　あてはまる　＋か　－を　かきましょう。

1つ8てん（24てん）

① 9 ☐ 7=16

② 46 ☐ 3=43

③ 50 ☐ 30=20

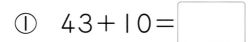 **大きな　かずの　たしざん**

1 けいさんを　しましょう。

① 43+10=

② 36+20=

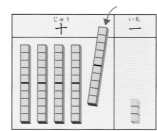

きょうかしょ185ページ

🏠 **おうちのかたへ**

◀たされる数を
（何十）と（いくつ）
に分けて考えます。

101

まとめの テスト

1年の まとめ
（かずの かんがえかた）

がくしゅうび　　　月　　日

じかん 20 ぷん
／100
ごうかく 80 てん

きょうかしょ　185ページ　　こたえ　29ページ

❶ こうていで 8人
あそんで います。
　3人 ふえると、なん人に
なるでしょうか。

1つ10てん（20てん）

しき

こたえ（　　　　　）人

❷ さるやまに さるが
15ひき います。その
うち こざるは 6ぴきです。
　おやざるは なんびき
いるでしょうか。　1つ10てん（20てん）

しき

こたえ（　　　　　）ひき

❸ 11人 ならんで います。
　みなとさんは まえから
4ばんめです。
　みなとさんの うしろには
なん人 いるでしょうか。

1つ15てん（30てん）

しき

こたえ（　　　　　）人

❹ えんぴつが 7本
あります。ボールペンは
えんぴつより 3本
おおいそうです。
　ボールペンは なん本
あるでしょうか。

1つ15てん（30てん）

しき

こたえ（　　　　　）本

まとめの
テスト

1年の　まとめ
（ながさ / かさ / ひろさ / とけい）

きょうかしょ　　186 ページ　　▷こたえ　　30 ページ

1 ながい　じゅんに　あ、
い、うを　かきましょう。
（20てん）

あ

い

う

（　　　→　　　→　　　）

2 水（みず）が　おおく　入（はい）って
いる　ほうに　〇を
つけましょう。
1つ15てん（30てん）

①

あ　　　　　　い

（　　　）　　（　　　）

②

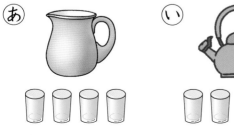
あ　　　　　　い

（　　　）　　（　　　）

3 どちらが　ひろく
ぬったでしょうか。
（20てん）

ゆき　　　　　　　　　　はる

（　　　　　　　　　　）

4 とけいを　よみましょう。
1つ10てん（30てん）

①

（　　じ　　ぷん）

②

（　　じ　　ふん）

③

（　　じ　　ぷん）

103

プログラミングに　ちょうせん

プログラミング

きょうかしょ　187ページ　　こたえ　30ページ

ねずみが　チーズの　ところまで　いける　ように、
つぎの　ような　カードを　つかって、ゴールまでの
すすみかたを　おしえて　あげます。

□の　なかには
すうじが　入るよ！

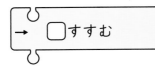

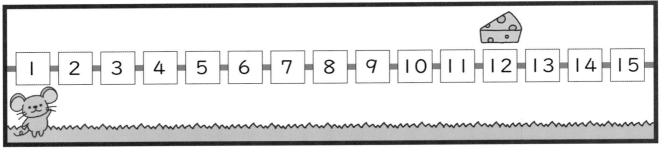

1 12までの　すすみかたを、
カードを　つかって　しじします。
　右の　あには、いくつを
入れれば　よいでしょうか。

（　　　　　）

スタートをおすと
→ はじめに 7 すすむ
→ あ すすむ

2 12までの　すすみかたを、
1とは　ちがう　カードを　つかって
しじします。
　右の　いには、いくつを
入れれば　よいでしょうか。

（　　　　　）

スタートをおすと
→ はじめに 15 すすむ
→ い もどる

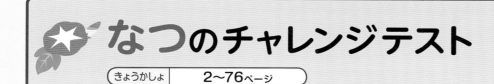 なつのチャレンジテスト

こたえ31ページ →

きょうかしょ 2〜76ページ

なまえ

月 日

 じかん 40ぷん

ごうかく80てん ／100

知識・技能 ／72てん

1 おなじ かずの ものを せんで むすびましょう。 1つ2てん（6てん）

・ ・ ● ● ● ● ● ● ● ●

・ ・ 6

・ ・ はち

2 かずが おおきい ほうに ○を つけましょう。 1つ3てん（6てん）

① 10 9
（ ） （ ）

② 6 8
（ ） （ ）

3 □に あてはまる かずを かきましょう。 1つ3てん（6てん）

① 2 — 4 — □ — 8

② 10 — □ — 8 — 7

4 いろを ぬりましょう。 1つ3てん（6てん）

① ひだりから 2ひき

② ひだりから 3びきめ

5 とけいを よみましょう。 1つ4てん（8てん）

① ②

（ ） （ ）

6 □に あてはまる かずを かきましょう。 1つ3てん（12てん）

① 1と 3で □

② 5と 5で □

③ 2と □で 8

④ 3と □で 10

夏のチャレンジテスト（表）

🔄 うらにも もんだいが あります。

7 ⓐから ⓔの うち、かずの
ちがいが 4の ものを 2つ
えらびましょう。　1つ4てん(8てん)

ⓐ

| 5 | 2 |

ⓘ

| 3 | 7 |

ⓤ

| 8 | 10 |

ⓔ

| 4 | 0 |

（　　）と（　　）

8 おなじ こたえに なる しきを
せんで むすびましょう。　1つ4てん(20てん)

2+7　・　　　・ 7−2

4+2　・　　　・ 8−1

1+6　・　　　・ 10−2

7+1　・　　　・ 9−3

2+3　・　　　・ 10−1

9 がようしを、6にんに 1まいずつ
くばりました。がようしは、まだ
4まい のこって います。
　がようしは、ぜんぶで なんまい
あったでしょうか。　1つ5てん(10てん)

しき

こたえ（　　　　）まい

10 いぬが 5ひき、ねこが 7ひき
います。ねこは いぬより なんびき
おおいでしょうか。　1つ5てん(10てん)

しき

こたえ（　　　　）ひき

11 ☐に あてはまる ＋か ーを
かきましょう。　1つ4てん(8てん)

① 6 ☐ 2＝8

② 6 ☐ 2＝4

ふゆのチャレンジテスト

きょうかしょ 77〜147ページ

月　日

なまえ

じかん **40**ぷん

ごうかく80てん ／100

こたえ **33**ページ

知識・技能 ／84てん

1 いくつ あるでしょうか。 (5てん)

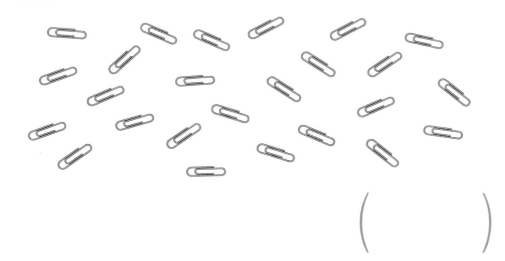

(　　)

2 あてはまる かずを かきましょう。 1つ3てん(6てん)

①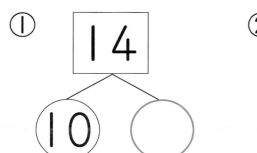

②

3 大きい ほうに ◯を つけましょう。 1つ3てん(6てん)

① 13 18
(　) (　)

② 21 12
(　) (　)

4 □に あてはまる かずを かきましょう。 1つ3てん(6てん)

① 12 14 □ 18

② □ 19 18 17

5 うつした かたちを せんで むすびましょう。 1つ3てん(9てん)

① ② ③

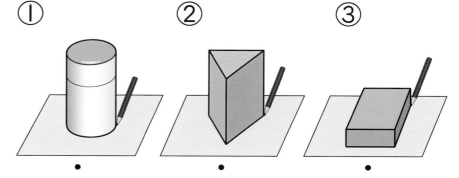

・ ・ ・

・ ・ ・

△ ▭ ◯

6 どちらが ながいでしょうか。 ながい ほうに ◯を つけましょう。 (4てん)

あ 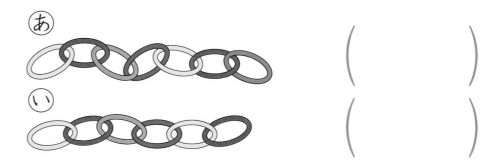 (　　)

い (　　)

7 水は どちらが おおいでしょうか。 (4てん)

あ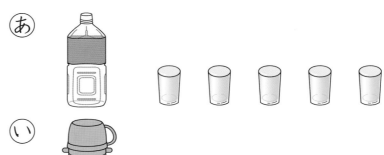

い

(　　)

冬のチャレンジテスト（表）

🔄うらにも もんだいが あります。

8 ⓐと ⓘでは、どちらが ひろい
でしょうか。

(4てん)

ⓐ

ⓘ

(　　　　)

9 けいさんを しましょう。

1つ4てん(32てん)

① 10+6=□

② 6+4+7=□

③ 8+7=□

④ 6+9=□

⑤ 17-3=□

⑥ 12-2-4=□

⑦ 16-7=□

⑧ 12-9=□

10 こたえが 大きい ほうに ◯を
つけましょう。

1つ4てん(8てん)

① 7+5 　 9+5

(　) 　 (　)

② 18-9 　 17-9

(　) 　 (　)

11 そうたさんは シールを 6まい
もって います。
　7まい もらうと、シールは
なんまいに なるでしょうか。

1つ4てん(8てん)

しき

こたえ (　　　　)まい

12 まつぼっくりを 13こ
ひろいました。その うち 9こを
かざりに つかいました。
　のこりは なんこでしょうか。

1つ4てん(8てん)

しき

こたえ (　　　　)こ

 **はるのチャレンジテスト**

きょうかしょ 150〜183ページ

なまえ

月　日

 **じかん** **40**ぷん

こうかく80てん　／100

こたえ 35ページ

知識・技能　　　　　　　　　　／72てん

1 □に　あてはまる　かずを　かきましょう。　□1つ3てん(18てん)

① 67 は、10 を □ こと、1 を □ こ　あわせた　かずです。

② 一のくらいの　すう字が　4、十のくらいの　すう字が　8の　かずは □ です。

③ 90 より □ 大きい　かずは 100 です。

④

106　107　108　□　110

⑤

90　95　□　105　110

2 大きい　ほうに　○を　つけましょう。　1つ4てん(8てん)

① 102 98 （　）（　）
② 109 118 （　）（　）

---

3 けいさんを　しましょう。　1つ4てん(24てん)

① 30+70= □

② 23+5= □

③ 6+82= □

④ 80-20= □

⑤ 49-4= □

⑥ 78-7= □

4 なんじなんぷんでしょうか。　1つ5てん(10てん)

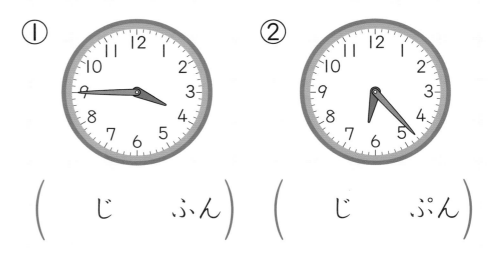

① （　　じ　　ふん）
② （　　じ　　ぷん）

うらにも　もんだいが　あります。

5 つぎの かたちは、右の いろいたを なんまい つかうと できる でしょうか。

1つ4てん（12てん）

①

( ) まい

②

( ) まい

③

( ) まい

6 さとしさんは まえから 6ばんめに います。さとしさんの うしろには 4人 います。
ぜんぶで なん人 いるでしょうか。

1つ4てん（8てん）

6人　6ばんめ　4人

まえ ○○○○○●○○○○

しき

こたえ ( ) 人

7 うえきばちが よこに 8こ ならんで います。左から 5ばんめの はちまで 水を やりました。
あと なんこの はちに 水を やれば よいでしょうか。

1つ4てん（8てん）

8こ　5ばんめ

左 ○○○○●○○○
5こ

しき

こたえ ( ) こ

8 たぬきが 12ひき います。
きつねは、たぬきより 5ひき すくないそうです。
きつねは なんびき いる でしょうか。
下の ずの □に あてはまる かずを かいて こたえましょう。

1つ4てん（12てん）

12ひき

たぬき ○○○○○○○○○○○○
きつね ○○○○○○○○⦿⦿⦿⦿⦿

□ ひき
すくない

しき

こたえ ( ) ひき

学力しんだんテスト

なまえ

月　　日

 じかん 40ぷん

 ごうかく80てん ／100

こたえ 37ページ

---

1 □に かずを かきましょう。

1つ2てん(4てん)

① 10が 3こと 1が 7こで

□

② 10が 10こで □

---

2 □に かずを かきましょう。

□1つ3てん(12てん)

① □ — 46 — 48 — □ — 52

② 100 — 90 — □ — □ — 60

---

3 けいさんを しましょう。1つ3てん(18てん)

① 8+6=□　　② 14−9=□

③ 0−0=□　　④ 30+40=□

⑤ 33+4=□　　⑥ 29−7=□

---

4 11人で キャンプに いきました。その うち 子どもは 7人です。おとなは なん人ですか。1つ3てん(6てん)

しき

こたえ（　　）人

---

5 なんじなんぷんですか。

(3てん)

（　　　　　）

---

6 あ〜えの 中から たかく つめる かたちを すべて こたえましょう。

(ぜんぶできて 3てん)

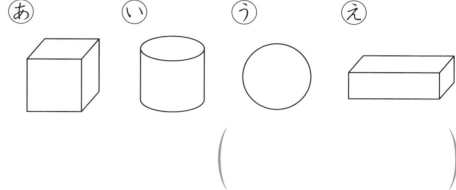

あ　　い　　う　　え

（　　　　　）

---

7 下の かたちは、あの いろいたが なんまいで できますか。1つ3てん(6てん)

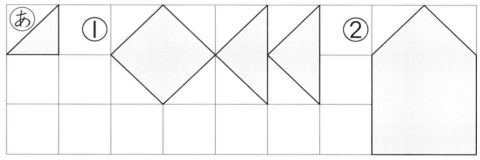

①（　　）まい　②（　　）まい

---

8 水の かさを くらべます。正しい くらべかたに ○を つけましょう。

(4てん)

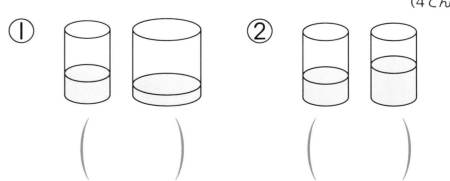

①　　　　②

（　　）　　（　　）

---

9 どうぶつの かずを しらべて せいりしました。

1つ4てん（8てん）

うし	さる	うさぎ	ねずみ

① いちばん おおい どうぶつは なんですか。

（　　　　　）

② いちばん おおい どうぶつと いちばん すくない どうぶつの ちがいは なんびきですか。

（　　　　　）びき

10 バスていで バスを まって います。

1つ4てん（12てん）

① まって いる 人は 7人 いて、みなとさんの まえには 4人 ならんで います。みなとさんは うしろから なんばん目ですか。

うしろから □ ばん目

② バスが きました。バスには はじめ 3人 のって いました。この バスていで まって いる 人みんなが のり、つぎの バスていで 5人が おりました。バスには いま なん人 のって いますか。

しき

こたえ（　　　　　）人

11 かべに えを はって います。□に はいる ことばを かきましょう。

□1つ4てん（16てん）

上

左　　　　　　　　　　　　　右

下

① さかなの えは みかんの えの □ に あります。

② いちごの えは 車の えの □ に あります。

③ 犬の えは □ の えの □ に あります。

12 ゆいさんと さくらさんは じゃんけんで かったら □を 1つ ぬる ばしょとりあそびを しました。どちらが かちましたか。その わけも かきましょう。

1つ4てん（8てん）

□…ゆいさん
■…さくらさん

かったのは（　　　　　）さん

わけ（　　　　　）

まるつけラクラクかいとう

この「まるつけラクラクかいとう」は
とりはずしてお使いください。

教育出版版
算数1年

「まるつけラクラクかいとう」では問題と同じ紙面に、赤字で答えを書いています。

🏠 おうちのかたへ では、次のようなものを示しています。
・学習のねらいやポイント
・他の学年や他の単元の学習内容とのつながり
・まちがいやすいことやつまずきやすいところ
お子様への説明や、学習内容の把握などにご活用ください。

見やすい答え

くわしいてびき

おうちのかたへ

---

⑪ おおきさくらべ (1)

ぴったり1 46ページ

① ながい ほうに 〇を つけましょう。
① あお 〇／あか
② よこ／たて 〇
③ あお／あか 〇

② ながい ほうに 〇を つけましょう。
あ／い

ぴったり2 47ページ

① ながい ほうに 〇を つけましょう。
① あか／あお
② あ 〇／い

② ながい じゅんに あ、い、うを かきましょう。
け しごむ
(う)→(い)→(あ)

ぴったり1 48ページ

① おおく はいる ほうに 〇を つけましょう。
①
②

② どちらが どれだけ おおく はいりますか。
(あ)の ほうが こっぷ (1)ぱいぶん おおく はいる。

③ どちらの はこが おおきいですか。
(い)の ほうが おおきい。

ぴったり2 49ページ

① どちらが どれだけ おおく はいりますか。
(い)の ほうが こっぷ (2)はいぶん おおく はいる。

② みずが いちばん おおく はいる ものに 〇を つけましょう。

あ → コップで 8はいぶん
い → コップで 7はいぶん
う → コップで 9はいぶん (〇)

③ おおきい ほうに 〇を つけましょう。
(〇)

ぴったり1

① 長さを直接比べます。
①端が揃っているから、青のほうが長いことがわかります。
②縦と横を直接重ねて比べます。どの長さが縦で、どの長さが横になるのかもしっかり理解しましょう。
③まっすぐにして、端を揃えて比べます。

② 方眼のます目を使って、長さをますのいくつ分で表し、数で長さを比べます。あは6つ分、いは8つ分だから、いのほうが長いことがわかります。

ぴったり2

① ①まっすぐにして、端を揃えて比べます。
②輪飾り1つの大きさは、どれも同じと考えて、輪飾りの数で長さを比べます。あは9つ分、いは6つ分だから、あのほうが長いことがわかります。

② 比べるものが3つになっても、比べ方は同じです。あは5つ分、いは7つ分、うは10個分です。数の多い順に記号を書きましょう。

ぴったり1

① ①同じ大きさの容器に移すと、水面の高さでかさを比べることができます。
②コップを使って、かさをコップのいくつ分で表し、コップの数でかさを比べます。あは8杯分、いは7杯分だから、あのほうがかさが多いことがわかります。

② あは6杯分、いは5杯分です。

③ 箱のかさの大きい小さいは、重ねると比べられます。

ぴったり2

① あは8杯分、いは10杯分です。

② 比べるものが3つになっても、比べ方は同じです。コップのいくつ分で表したとき、数がいちばん多いものが答えになります。

③ 重ねると、ロールケーキが入っている箱のほうが大きいことがわかります。

🏠 おうちのかたへ
長さやかさを、数に置き換えたりすることは、これから学習する長さやかさの単位の土台となります。

※紙面はイメージです。

なかよしあつまれ

2~3ページ

みぎの ばめんで、ひだりの ばめんと ちがう ところを ◯で かこみましょう。

うすい せんは なぞろう。

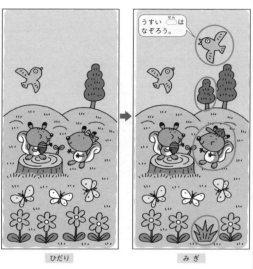

ひだり

みぎ

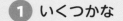
うすい せんは なぞろう。

なかまを ◯で かこみましょう。

🌲の なかま　🦋の なかま　🐿の なかま

🦋と 🌼では どちらが おおいでしょうか。
おおい ほうを ◯で かこみましょう。
せんで むすんで くらべましょう。

（🦋 🌼）の ほうが おおい。

1 いくつかな

ぴったり1　4ページ

めあて　ものの集まりを●や数字に対応させて、1〜5までの数を理解します。　**れんしゅう**

おなじ かずの ものを せんで むすびましょう。

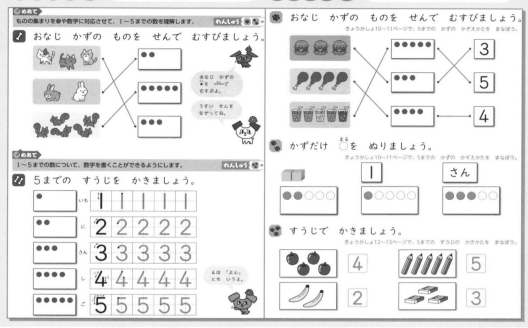

おなじ かずの ●を せんで むすぶよ。

うすい せんを なぞってね。

めあて　1〜5までの数について、数字を書くことができるようにします。　**れんしゅう**

5までの すうじを かきましょう。

●	いち	1				
●●	に	2	2	2	2	2
●●●	さん	3	3	3	3	3
●●●●	し	4	4	4	4	4
●●●●●	ご	5	5	5	5	5

4は「よん」とも いうよ。

ぴったり2　5ページ

おなじ かずの ものを せんで むすびましょう。
きょうかしょ10〜11ページで、5までの かずの かぞえかたを まなぼう。

3
5
4

かずだけ ◯を ぬりましょう。
きょうかしょ10〜11ページで、5までの かずの かぞえかたを まなぼう。

1　　さん

すうじで かきましょう。
きょうかしょ12〜13ページで、5までの すうじの かきかたを まなぼう。

4　　5

2　　3

左右の絵のちがいを◯で囲むようにします。

着眼点としては、次の2点があげられます。
1　鳥や木など、ものの数に注目する。
2　リボンと帽子、花と草など、ものの形に注目する。
身のまわりのものの数や形や大きさなどに関心をもたせるようにしましょう。

同じものや動物に着目して、仲間（集合）をつくる問題です。大きさがちがっていたり、形や向きがちがっていたりしても、大きな枠で集合がとらえられるようにしましょう。

2つのものの集まりについて、1対1対応させて線で結ばせ、余ったほうが多いことに気づかせます。見ためで感覚的にとらえるのではなく、作業を通して、なぜ多いのかという理由を説明できるようにさせてください。

ぴったり1

1〜5の数の意味、数え方を理解させます。具体物の数量を半具体物（●の数）に置きかえ、1〜5の数の量感をとらえられるようにしましょう。

1〜5の数のよみ方と数字を書く練習です。2や3の字形、4や5の書き順に特に注意させましょう。

ぴったり2

1から順に声に出して練習させましょう。

ブロックも数字も数のよみも、数量を表しています。それを◯をぬることで表します。◯は左端から順にぬっていくようにしましょう。

具体物の数量を数字で表します。数字を書くときは、字形を正しく、書き順にも注意させましょう。

🏠 おうちのかたへ

日常生活の中でも具体的なものを数えることにより、数の概念を養わせてください。また、正しい数字が書けるように、字形や書き順に注意しながら、くり返し練習することが大切です。

2

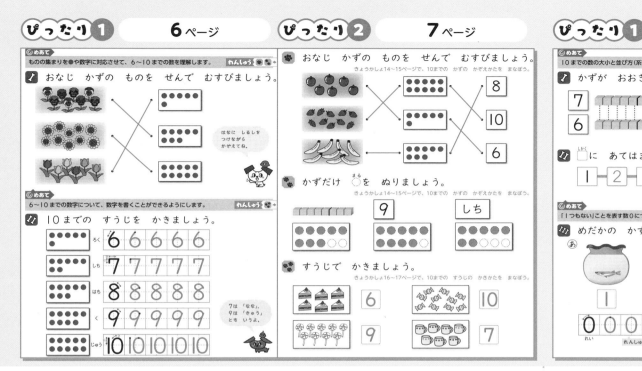

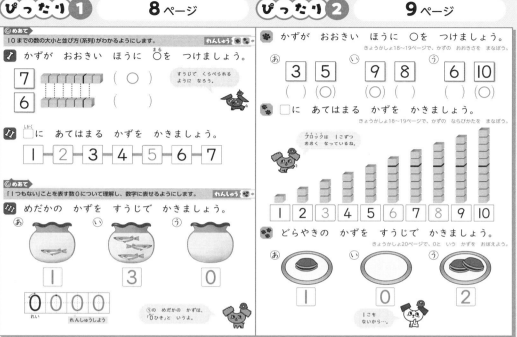

ぴったり1

🎵 6～10の数の意味、数え方、よみ方を理解させます。具体物の数量を半具体物（●の数）に置きかえて、6～10の数の量感をとらえられるようにしましょう。

🎵🎵 6～10の数のよみ方と数字を書く練習です。8の字形、7や10の書き順に注意して、くり返し練習させてください。

ぴったり2

🐾 具体物は、端から1個ずつ数えていき、数え終わったものには印をつけるようにしましょう。数えまちがいや重なりがなくなります。

🐾 6～10の数を、「5といくつ」ととらえて◯をぬっていきます。このようにして、数のとらえ方を次第に豊かにしていきましょう。

🐾 具体物の数量を数字で表します。

🏠 おうちのかたへ

1～10までの数は算数の基本です。数を数えること、その数量を数字で表せるようになることが、この単元での目標になります。

ぴったり1

🎵 数の大小比較ができるようにします。数字だけで比較するのがむずかしいときは、ブロックなどを使って、数字が表す数の大きさを実感させるとよいでしょう。

🎵🎵 数の並び方（系列）を理解させます。

🎵🎵🎵 ⓤのように「1つもない」ことを、数字で0と書き、「れい」とよむことを理解させます。

ぴったり2

🐾 数字で数の大小比較ができるようにします。

🐾 1～10までの数の並び方（系列）を、ブロックを用いて量感をもって理解させるようにします。

🐾 どらやきの数を数字に表す際、皿の上にどらやきが1個もないとき、数字の0（れい）を用いて表せるようにします。

「皿の上のどらやきを1個ずつ食べていくと、どうなるかな？」などと問いかけて、日常生活の時間的な経過の中で、0を具体的に示すとわかりやすくなるでしょう。

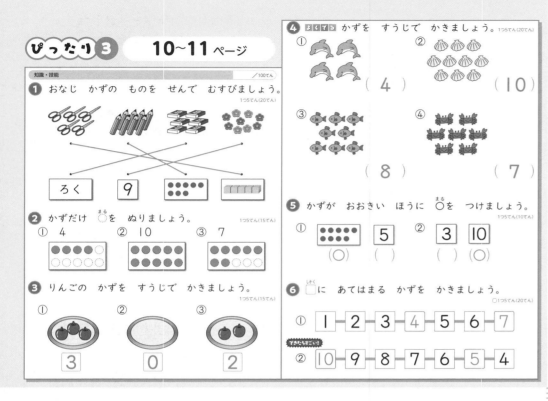

いるかにも注意させてください。特に、数字の8は字形をとらえるのがむずかしいようです。くり返し練習して、正しい数字が書けるようにしましょう。

⑤　数の大小比較は、数字どうし比べるだけではありません。①のように、半具体物(●の数)と数字の大きさを比べるときは、半具体物を数字に置きかえて比較できるようにしましょう。

⑥　数の並び方(系列)の問題では、まず数がどのように並んでいるかを調べます。
①は右にいくにつれて1ずつ大きくなり、②は右にいくにつれて1ずつ小さくなっています。
②のように逆に並んでいると、並び方がわからなくなることが多いようです。10から逆に言わせたりして、数の並び方を確認させましょう。

ぴったり3

❶　具体物と半具体物や数字を対応できるようにします。まず、具体物の数を数えて、小さくメモしておきましょう。それから、同じ数のものを線で結ばせます。

❷　①4は5より小さいので、上の段の左端から色をぬります。色をぬる順序は、上段左端→上段右端→下段左端→下段右端　になります。バラバラにぬったり、途中からぬったりしないように注意させてください。

②③10も7も5より大きいので、「5といくつ」と考えて、色をぬるようにしましょう。

❸　皿の上のりんごの数を数字で表します。
②のように「1こもない」ときは、数字の0を用いて数に表すことを確認させてください。

❹　具体物の数を数字で表します。
1〜10までの数と数字がきちんと対応できているか確認しましょう。また、数字の書き方が正しくできて

4

② なんばんめ

ぴったり1

めあて 集合を表す数と、順序を表す数のちがいを理解できるようにします。 れんしゅう ❶→

1 ○で かこみましょう。
① まえから 4だい
まえ　　　　　　うしろ

② まえから 4だいめ
まえ　　　　　　うしろ

1だいだけ かこんでね。

めあて 順序や位置を、数を使って表すことができるようにします。 れんしゅう ❷❸→

2 もようが あります。□に かずを かきましょう。

ひだり　　　　　　　　　　　　　　　みぎ
♥ ◆ ♣ ♠ ★ ◯ ■ ⬠ ▲ ◆ ➡ ☾
1　2　3　4　5　6　7　8　9　10　11　12

① ★は ひだりから 5 ばんめ
② ⬠は ひだりから 8 ばんめ
③ ➡は ひだりから 11 ばんめ
④ ▲は みぎから 4 ばんめ

10の つぎは 11、11の つぎは 12と かくよ。

| ぴったり**2** | **13** ページ |

① ○で かこみましょう。
きょうかしょ26〜27ページで、「○ひき」と「○ひきめ」の ちがいを まなぼう。
① ひだりから 3びき

② ひだりから 3びきめ

② どうぶつが ならんで います。
きょうかしょ28ページで、なんばんめについて かんがえよう。
まえ　　　　　　　　　　　　　うしろ

① 🐘は、まえから 4 ばんめ

まちがいちゅうい
② 🐼は、うしろから 2 ばんめ

③ □に あてはまる かずを かきましょう。
きょうかしょ29ページで、10より おおきい かずを まなぼう。
6 — 7 — 8 — 9 — 10 — 11 — 12

| ぴったり**3** | **14〜15** ページ |

知識・技能 /100てん

1 よくでる ○で かこみましょう。 1つ5てん(10てん)
① ひだりから 5こ

② ひだりから 5こめ

2 バスを まって います。 1つ10てん(30てん)

まえ　　　　　　　　うしろ

① なんにん まって いますか。 (6)にん
② まえから 3にんめに ○を つけましょう。
③ うしろから 3にんを □で かこみましょう。

③ □に あてはまる かずを かきましょう。
1つ5てん(20てん)
① 6 — 7 — 8 — 9 — 10 — 11 — 12

できたらすごい！
② 6 — 5 — 4 — 3 — 2 — 1 — 0

④ □に あてはまる かずを かきましょう。 1つ10てん(40てん)

① ⚽は、うえから 2 ばんめに あります。

② 🤖は、したから 3 ばんめに あります。

③ うえから 5ばんめの たなは、したから 2 ばんめです。

できたらすごい！
④ ただしい ことばを ○で かこみましょう。
✈は、(うえ 、(した))から 4ばんめに あります。

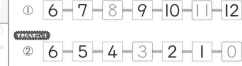
うえ
した

ぴったり1

1 ①は集合を表す数、②は順序を表す数です。
「まえから 4だい」は、前から4番目までの車4台を囲み、「まえから 4だいめ」は、前から4番目の車1台だけを囲むことに注意します。

2 10より大きい11、12という数を覚えます。よんで書けることと、数の順序が正しく言えるようにします。

ぴったり2

1 ①まず、左と右の方向を確かめさせ

ます。それから作業を始めましょう。集合を表すので、左から3匹を囲みます。
②順序を表すので、3匹目の1匹だけを囲みます。

2 ①ぞうから順に前から1番目、2番目、…と順序よく数えていきます。
②方向を示す言葉が「前」から「後ろ」に変化していることに注意させましょう。

3 12までの数の順番がわかり、よんで書けるようにします。

ぴったり3

1 ①集合を表す数です。左から5個全部を囲みます。
②順序を表す数です。左から5個目の1個だけを囲みます。

2 ①人数を数えます。前からでも後ろからでもよいです。
②順序を表す数です。1人だけに○をつけます。
③後ろから3人全部を□で囲みます。数える基準が後ろからになっていることに注意させましょう。

3 ①は6から1ずつ大きくなり、②は

6から1ずつ小さくなっています。数がどのように並んでいるかに着目させるようにしましょう。

4 上下方向の位置と順序を考える問題です。

🏠 おうちのかたへ
この単元では、集合を表す数(集合数)と順序を表す数(順序数)が区別できるようになるかが重要です。
かけっこなどの具体的な場面を利用して、理解を深めさせましょう。

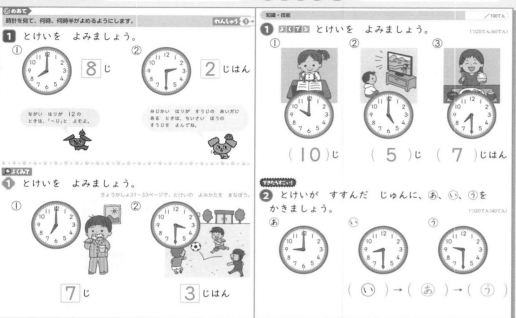

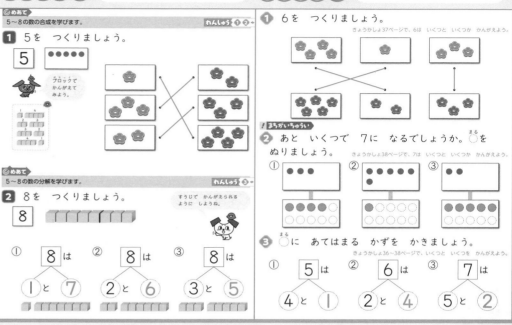

ぴったり❶

1 「○時」「○時半」の時計がよめるようになることが、この単元の目標です。短針が「時」を表すことを理解させ、「○時」は12、「○時半」は6を長針が指すことを確認させましょう。

ぴったり❷

1 時刻を日常生活の場面と関連づけて理解させます。

②4時半とよむまちがいに注意します。短針は、小さい方の数字をよむことを確認させましょう。

ぴったり❸

1 ①は授業中、②は夕方テレビを見ている、③は夕食を食べている場面です。日常生活の流れの中で、自然と時刻がよめるようにしましょう。

③短針は7と8の間にあります。「○時」は小さい方の数字をよみます。

2 時計はどのように動いているのかを考える問題です。できれば具体物（アナログ時計）を使って確認させるとよいでしょう。

ぴったり❶

1 5の合成を学びます。

●のカードに線をひいて●を分けてもよいですし、指で●を隠して「いくつといくつ」と考えさせてもよいでしょう。

2 8の分解を学びます。

ぴったり❷

1 6の合成を学びます。おはじきを1個ずつ数えていって、6個になるものを線で結びましょう。

2 ①上のカードの●は3個です。下のカードは、4、5、6、7と数えながら4個ぬります。

③上のカードの●は2個です。下のカードは、3、4、5、6、7と数えながら5個ぬります。●は、左上から順にぬるようにしましょう。

3 ①5の分解です。

②6の分解です。指を使って、2の次の3から順に指を3、4、5、6と4回折ると6になることから答えを出してもよいでしょう。

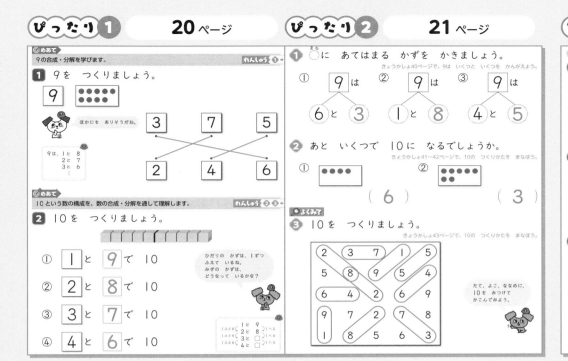

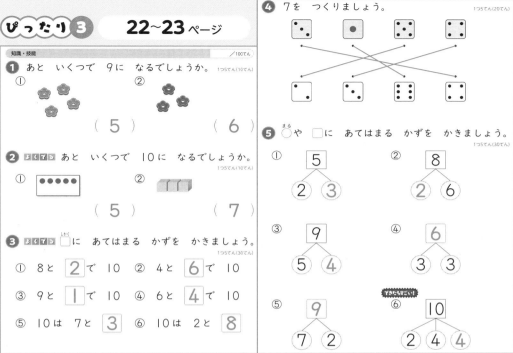

ぴったり1

1. 9の合成を学びます。
　1つの数が、何通りもの2つの数の和(たした数)で表されることを理解させましょう。

2. 10の分解を学びます。ブロックを使って、10を2つの数に分解していきます。10という数は、十進法の基本となる数です。10の合成・分解をくり返し練習して、正しく理解させてください。

ぴったり2

1. 9の分解です。どんな数でも数字で考えられるようになるまで、くり返し練習させましょう。

2. カードの余白に●をかきたして10をつくってみましょう。それから、はじめにあった●の数と、かきたした●の数を数字で表して、数字で10がつくれるように練習しましょう。

3. 10をつくる練習です。数の重なりにも注意しながら、すべて見つけられるようにしましょう。

ぴったり3

1. たりないおはじきをかいて、数えましょう。その後で数字になおして考えましょう。

2. たりない●やブロックをかいて、数えましょう。その後で数字になおして考えましょう。

3. 10の合成と分解です。全部で9通りあります。10の合成・分解の理解をきちんと身につけることによって、この後に学習するたし算・ひき算の基礎が固まります。くり返し練習させましょう。

4. さいころの目を利用しています。さいころは、向かい合った面の目の数の和が7になります。実物を使って確かめるとよいでしょう。

5. 5～10までの数の合成と分解です。これは、たし算やひき算のもとになる考え方です。「5は、2と3」、「3と3で6」など、声に出して覚えるようにしましょう。
　⑥10を3つの数に分解します。「2と4で6」、「6と4で10」というように、順に考えます。

| ぴったり1 | 24ページ | ぴったり2 | 25ページ | ぴったり1 | 26ページ | ぴったり2 | 27ページ |

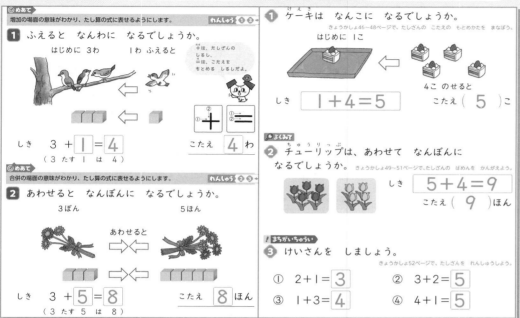

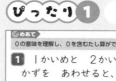

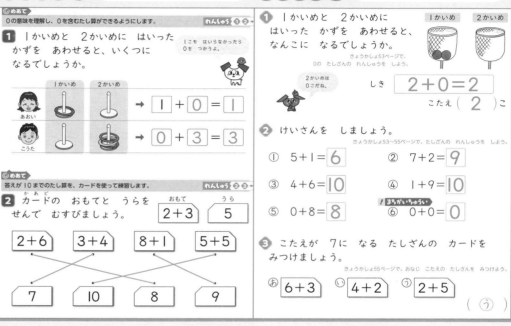

ぴったり1

1 「はじめに鳥が3羽いました。そこへ1羽増えると、4羽になります。」というお話を通して、増加による数の変化を理解し、増加の場面でたし算が用いられることの意味を考えさせます。また、式の書き方、よみ方、記号（＋、＝）の使い方、答えの書き方をしっかりと確認させます。

2 「3本と5本の花を合わせると、8本になります。」という合併の場面を式に表します。合併の場面もたし算で表すこと、答えの求め方は増加の場合と同じであることを理解させましょう。

ぴったり2

1 おぼんにケーキを4個のせると、おぼんの上のケーキは増えるので、たし算になります。

2 「あわせて なんぼん」という場面では合併のたし算になります。

3 答えが5までのたし算です。答えを求めるだけでなく、式の意味を理解することも大切です。

ぴったり1

1 0を含むたし算の意味を考えます。あおいさんの2回目に入った輪は0個であることをおさえてから、入った輪の合計をもとめることをたし算の式で1＋0＝1と表すことを理解します。
「1個も入らなかった」ことを「0個入った」と考えて、たし算の式に表すことがポイントです。

2 たし算のカードを用いて、たし算の習熟を確実なものにしましょう。

ぴったり2

1 「2回目には1個も入らなかった」ことを、数の0を用いてたし算の式をつくります。また、たされる数に0をたしても、答えはたされる数と同じになることを理解させましょう。

2 答えが10以下の数になるたし算の練習です。まちがえた問題は、くり返し練習させることが大切です。

3 まず、それぞれのカードの答えを求めます。
⑩は9、⑪は6、⑫は7です。

8

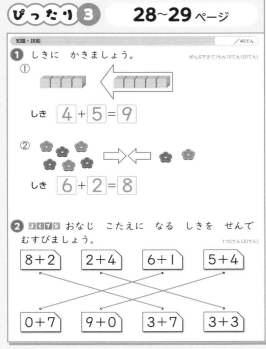

ぴったり③

① ①増加の場面です。
　「４あって、５増えると９」をたし
　算の式に表します。
　②合併の場面です。「６個と２個を
　合わせると８個」をたし算の式に
　表します。

② まず、たし算の答えをカードの横に
　小さく書いておいて、同じ答えの
　カードを線で結びます。０を含むた
　し算に注意して、たされる数に０を
　たしても、０にたす数をたしても、
　答えはそれぞれ、たされる数やたす

数と同じになることに気づかせてく
ださい。

③ 増加の場面のたし算です。５羽いる
　ところに２羽増えるので、式を
　２＋５＝７としないように注意させ
　ましょう。

④ 合併の場面のたし算です。
　「あわせて」という言葉に注目して立
　式させます。

⑤ 図を参考にして、「５人の子どもに
　配ったケーキは５個」と考えて、
　５（こ）＋３（こ）と立式します。人の数

をケーキの数に置きかえて式をつく
ることをしっかり理解させてくださ
い。

⑥ 式の答えは１つに決まりますが、答
　えが決まっている式は何通りも考え
　られることを理解させましょう。

🏠 おうちのかたへ

たし算をする場面として、「ふえる（増
加）」場面と「あわせる（合併）」場面を学び
ます。なぜたし算になるのかを、具体的
な場面を通して理解させるようにしま
しょう。また、たし算の計算も習熟させ
ましょう。

6 のこりは いくつ

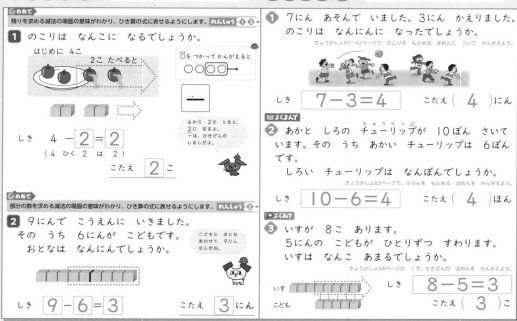

ぴったり1

◎めあて　残りを求める減法の場面の意味がわかり、ひき算の式に表せるようにします。　れんしゅう❶❸

1 のこりは なんこに なるでしょうか。

はじめに 4こ　　2こ たべると

0を つかって かんがえると
○○○○

4から 2を とると、2に なるよ。一は、ひきざんの しるしだよ。

しき　4 − 2 = 2
（4 ひく 2 は 2）

こたえ　2こ

◎めあて　部分の数を求める減法の場面の意味がわかり、ひき算の式に表せるようにします。　れんしゅう❷

2 9にんで こうえんに いきました。その うち 6にんが こどもです。おとなは なんにんでしょうか。

こどもと おとな あわせて 9にん なんだね。

しき　9 − 6 = 3　　こたえ　3にん

ぴったり2

❶ 7にん あそんで いました。3にん かえりました。のこりは なんにんに なったでしょうか。

きょうかしょ61〜62ページで、のこりを もとめる ばめんに ついて かんがえよう。

しき　7 − 3 = 4　　こたえ（ 4 ）にん

👁 よくよんで

❷ あかと しろの チューリップが 10ぽん さいて います。その うち あかい チューリップは 6ぽんです。しろい チューリップは なんぼんでしょうか。

きょうかしょ63ページで、ぶぶんを もとめる ばめんに かんがえよう。

しき　10 − 6 = 4　　こたえ（ 4 ）ほん

◆ふくみて

❸ いすが 8こ あります。5にんの こどもが ひとりずつ すわります。いすは なんこ あまるでしょうか。

きょうかしょ64ページの ❷で、ひきざんの ばめんを かんがえよう。

いす　　こども

しき　8 − 5 = 3　　こたえ（ 3 ）こ

ぴったり1

◎めあて　0の意味を理解し、0を含むひき算ができるようにします。　れんしゅう❶❷

1 のこりは なんぼんに なるでしょうか。

① 3ぼん のむと

3 − 3 = 0

② のまないと

「3ぼんから 0ぼんを とる」と かんがえよう。

3 − 0 = 3

◎めあて　ひかれる数が 10までのひき算を、カードを使って練習します。　れんしゅう❷❸

2 カードの おもてと うらを せんで むすびましょう。

おもて　　うら
6 − 4　　2

8 − 3　　6 − 5　　9 − 5　　10 − 2

4　　5　　8　　1

ぴったり2

❶ いちごが 4こずつ あります。のこりは なんこに なるでしょうか。

きょうかしょ65ページで、0の ひきざんの れんしゅうを しよう。

ゆうた　4こ たべると → 4 − 4 = 0

りか　たべないと → 4 − 0 = 4

⚠ まちがいちゅうい

❷ けいさんを しましょう。

きょうかしょ65〜67ページで、ひきざんの れんしゅうを しよう。

① 5 − 3 = 2　　② 4 − 1 = 3
③ 9 − 7 = 2　　④ 10 − 9 = 1
⑤ 8 − 0 = 8　　⑥ 2 − 2 = 0

❸ こたえが 2に なる ひきざんの カードを みつけましょう。

きょうかしょ67ページで、おなじ こたえの ひきざんを みつけよう。

あ 5 − 4　　い 8 − 6　　う 9 − 2

（ い ）

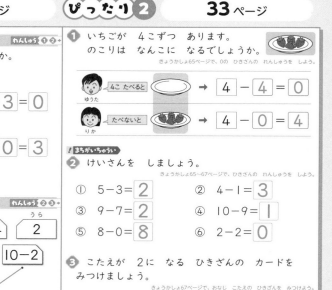

ぴったり1

1 「はじめに、りんごが4個ありました。2個食べると、残りは2個になります。」というお話を通して、残りの数を求める求残の式、4−2＝2と表すことを学びます。たし算のときと同様、式の書き方、よみ方、記号（一、＝）の使い方、答えの書き方を確認させておいてください。

2 全体の数から部分の数をひいて、もうひとつの部分の数を求める場面で、これも求残の場面の1つです。

ぴったり2

❶ 「帰る」という言葉は、「食べる」などと同様に、残りを求める求残の場面で使われます。

❷ ❶のように減った残りを求めるのではなく、AとBの集まりからAをひいてBを求めるひき算の問題です。

❸ この場面も求残の場面の1つですが、図を参考にして人と物を対応させ、「5人の子どもがすわるいすは5個」と考えて、8（こ）−5（こ）の式をつくります。

ぴったり1

1 0を含むひき算の意味を考えます。
①はじめに3本→3本飲むと
　→0本になる
②はじめに3本→0本飲むと
　→3本のまま
「0本」という言葉を使って求残の場面を表し、式につなげていきましょう。

2 たし算のときと同様に、ひき算のカードを用いて、ひき算の習熟を確実なものにしましょう。

ぴったり2

❶ りかさんが「いちごを1個も食べなかった」ことを、数の0を用いてひき算の式をつくります。ゆうたさんはいちごを4個ぜんぶ食べたので、4−4で答えが0になります。つまり、残りが0個であるということです。

❷ ひき算の計算問題です。

❸ まず、それぞれのカードの答えを求めます。
あは1、いは2、うは7です。

ぴったり3　34〜35ページ

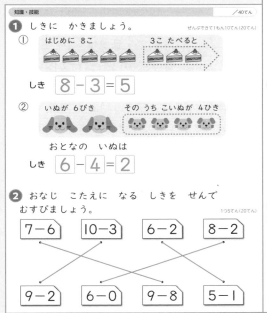

知識・技能　　　　　　　　　　　　/40てん

1 しきに かきましょう。
ぜんぶできて1もん10てん(20てん)

① はじめに 8こ　　3こ たべると

しき 8 − 3 = 5

② いぬが 6ぴき　その うち こいぬが 4ひき

おとなの いぬは

しき 6 − 4 = 2

2 おなじ こたえに なる しきを せんで むすびましょう。
1つ5てん(20てん)

| 7−6 | 10−3 | 6−2 | 8−2 |

| 9−2 | 6−0 | 9−8 | 5−1 |

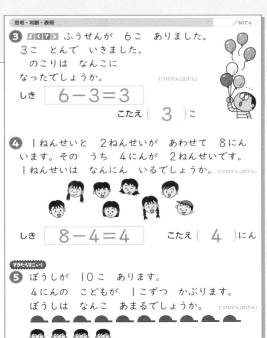

思考・判断・表現　　　　　　　　　　/60てん

3 ふうせんが 6こ ありました。
3こ とんで いきました。
のこりは なんこに なったでしょうか。
1つ10てん(20てん)

しき 6 − 3 = 3

こたえ (3)こ

4 1ねんせいと 2ねんせいが あわせて 8にん います。その うち 4にんが 2ねんせいです。
1ねんせいは なんにん いるでしょうか。
1つ10てん(20てん)

しき 8 − 4 = 4　　こたえ (4)にん

できたらすごい!

5 ぼうしが 10こ あります。
4にんの こどもが 1こずつ かぶります。
ぼうしは なんこ あまるでしょうか。
1つ10てん(20てん)

しき 10 − 4 = 6　　こたえ (6)こ

---

7 どれだけ おおい

ぴったり1　36ページ

◎めあて
「どちらがいくつ多い」という求差の場面の意味がわかり、答えが求められるようにします。れんしゅう ①②

1 あかい はなと しろい はなは どちらが なんぼん おおいでしょうか。

あかい はなが 6ぽん しろい はなは 4ほん あるね。

しき 6− 4 =2

こたえ あかい はなが 2 ほん おおい。

◎めあて
「ちがい」を求める場面の意味がわかり、答えが求められるようにします。れんしゅう ③

2 うしと うまの かずの ちがいは いくつでしょうか。

しき 9 − 6 = 3

こたえ 3 とう

ひきざんは、おおきい かずから ちいさい かずを ひくよ。

ぴったり2　37ページ

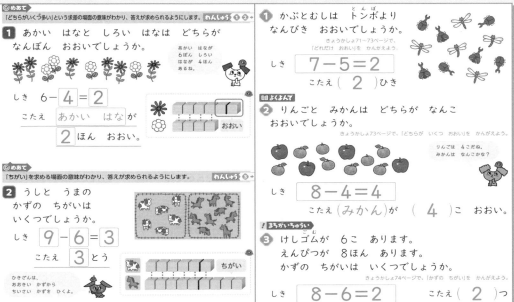

1 かぶとむしは トンボより なんびき おおいでしょうか。
きょうかしょ71〜73ページで、「どれだけ おおい」を かんがえよう。

しき 7 − 5 = 2

こたえ (2)ひき

👁️よくよんで

2 りんごと みかんは どちらが なんこ おおいでしょうか。
きょうかしょ73ページで、「どちらが いくつ おおいか」を かんがえよう。

りんごは 4こだね。みかんは なんこかな?

しき 8 − 4 = 4

こたえ (みかん)が (4)こ おおい。

!まちがいちゅうい

3 けしゴムが 6こ あります。
えんぴつが 8ほん あります。
かずの ちがいは いくつでしょうか。
きょうかしょ74ページで、「かずの ちがい」を かんがえよう。

しき 8 − 6 = 2　　こたえ (2)つ

ぴったり3

1 ①「はじめに8個あって、3個食べると、残りは5個」をひき算の式に表します。
②「犬が6匹いて、そのうち子犬が4匹だから、おとなの犬は残りの2匹」をひき算の式に表します。

2 まず、ひき算の答えをカードの横に小さく書いておいて、同じ答えのカードを線で結びます。

3 「飛んでいく」という言葉から、ひき算を使うことが判断できるようにしましょう。

4 部分の数を求めるひき算です。
1年生と2年生がいます。2年生の人数がわかっているので、残りは1年生だから、1年生の人数はひき算で求められます。
問題の絵を使って理解させましょう。

5 問題の絵を見て考えさせましょう。
「4人の子どもがかぶる帽子は4個と考えて、10(こ)−4(こ)の式をつくります。子どもの人数を帽子の数に置きかえて考えるところがポイントです。

ぴったり1

1 「どちらがいくつ多い」という差を求める求差の場面をひき算の式に表します。赤い花は6本、白い花は4本なので、多い方から少ない方の数をひけば本数のちがいが求められることを学びます。

2 「ちがいはいくつ」という差を求める場面をひき算の式に表します。
問題文に「牛」が先に出てくるので、式を6−9=3とするまちがいが多く見られます。式に書くときには、必ず大きい数から小さい数をひくように注意させましょう。

ぴったり2

1 (かぶとむし7匹)−(トンボ5匹)のひき算をします。

2 みかんが8個、りんごが4個です。まず、みかんの方が多いことを確認させましょう。「どちらが何個多い」と2つの事がらを答えるので、答え方に注意させてください。

3 ちがいを求めるときも、大きい数から小さい数をひくことを確認しておきましょう。

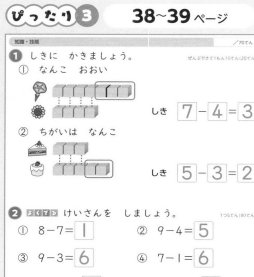

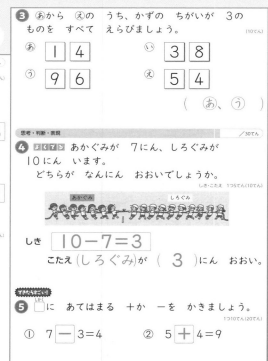

ぴったり③ 38~39ページ

知識・技能 /70てん

❶ しきに かきましょう。 ぜんぶできて1もん10てん(20てん)

① なんこ おおい

しき $7-4=3$

② ちがいは なんこ

しき $5-3=2$

❷ よくでる けいさんを しましょう。 1つ5てん(40てん)

① $8-7=1$ ② $9-4=5$

③ $9-3=6$ ④ $7-1=6$

⑤ $10-8=2$ ⑥ $10-5=5$

⑦ $4-0=4$ ⑧ $3-3=0$

❸ あから えの うち、かずの ちがいが 3の ものを すべて えらびましょう。 (10てん)

あ $1\ 4$ い $3\ 8$

う $9\ 6$ え $5\ 4$

(あ 、 う)

思考・判断・表現 /30てん

❹ よくでる あかぐみが 7にん、しろぐみが 10にん います。
どちらが なんにん おおいでしょうか。 しき・こたえ 1つ5てん(10てん)

しき $10-7=3$

こたえ (しろぐみ)が (3)にん おおい。

できたらすごい!

❺ □に あてはまる +か -を かきましょう。 1つ10てん(20てん)

① $7\ -\ 3=4$ ② $5\ +\ 4=9$

ぴったり③

❶ ①「何個多い」という差を求める場面です。「7個は4個より3個多い」をひき算の式に表します。

②「ちがいは何個」という差を求める場面です。「3個と5個のちがいは2個」をひき算の式に表します。図では、「3」の方が先に出てきますが、式に書くときは、
5−3＝2となります。
ひき算の式の決まりをもう一度確認しておきましょう。

❷ 10以下の数のひき算の計算練習です。まちがえた問題は、もう一度やり直す習慣を身につけさせてください。
⑦⑧の0を含む計算に注意させましょう。

❸ 数のちがいはひき算で求めます。大きい方の数から小さい方の数をひきましょう。
それぞれの数のちがいは、
あ4−1＝3 い8−3＝5
う9−6＝3 え5−4＝1

❹ 白組の人数の方が多いことを最初に確認します。式を7−10＝3としないように注意しましょう。

❺ たし算とひき算の性質を考えさせる問題です。式の最初の数と答えの大きさがポイントです。

①7□3＝4
7と4の大きさを比べます。4は7より小さいです。
答えが式の最初の数より小さくなるのは、ひき算です。

②5□4＝9
5と9の大きさを比べます。9は5より大きいです。
答えが式の最初の数より大きくなるのは、たし算です。
ブロックなどを用いて実感させましょう。

⌂ おうちのかたへ

ひき算をする場面として、「残りを求める(求残)」場面と「ちがいを求める(求差)」場面を学びます。
なぜひき算になるのかを、具体的な場面を通して理解させるようにしてください。
また、ひき算の計算も、カードなどを利用してくり返し練習することで、しっかり習熟させましょう。

12

ぴったり① 40ページ   **ぴったり②** 41ページ   **ぴったり①** 42ページ   **ぴったり②** 43ページ

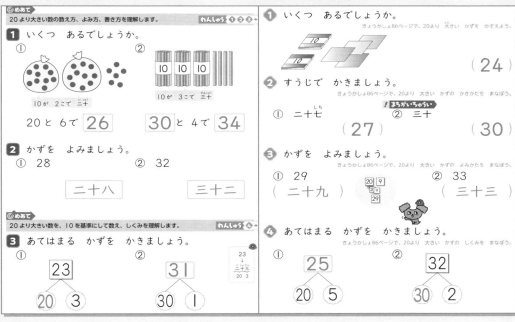

ぴったり①（40ページ）

◎めあて
20までの数の数え方、よみ方、書き方や構成を理解します。 れんしゅう①

1 いくつ あるでしょうか。
10の まとまりを つくって かんがえよう。
① ②

10と **2** で **12**　　10と **10** で **20**
じゅうに　　　　　　にじゅう

◎めあて
数直線（数の線）のしくみを理解します。 れんしゅう②

2 かずのせんを 見て こたえましょう。

0 1 2 3 4 5 6 7 8 9 10 11 12 13 14 15 16 17 18 19 20

① 10より 4 大きい かずは **14** です。
② 17より 2 小さい かずは **15** です。

◎めあて
20までの数の大小比較ができるようにします。 れんしゅう③

3 大きい ほうに ○を つけましょう。
かずのせんを 見て くらべて みよう。
① 13 15　② 19 18　
( ) (○)　(○) ( )

ぴったり②（41ページ）

1 □に あてはまる かずを かきましょう。
きょうかしょ80〜83ページで、「10と いくつ」を かんがえて みよう。
① 10と 5で **15**　② 10と **9** で 19
③ 16は 10と **6**　④ **14** は 10と 4

2 □に あてはまる かずを かきましょう。
きょうかしょ84〜85ページで、かずのせんを まなぼう。
① 15−16−17−18−**19**−20
② 10−12−**14**−16−18−20
③ 10より 5 大きい かずは **15** です。
④ 18より 1 小さい かずは **17** です。

3 大きい ほうに ○を つけましょう。
きょうかしょ85ページで、かずの 大きさくらべを かんがえよう。
① 12 9　② 17 14　③ 16 20
(○) ( )　(○) ( )　( ) (○)

ぴったり①（42ページ）

◎めあて
20より大きい数の数え方、よみ方、書き方を理解します。 れんしゅう①②③

1 いくつ あるでしょうか。
① ②
10が 2こで 二十　　10が 3こで 三十
20と 6で **26**　　30と 4で **34**

2 かずを よみましょう。
① 28　　　② 32
二十八　　　三十二

◎めあて
20より大きい数を、10を基準にして数え、しくみを理解します。 れんしゅう④

3 あてはまる かずを かきましょう。
① ② 23 三十三 20 3
23　　**31**
20 3　　30 1

ぴったり②（43ページ）

1 いくつ あるでしょうか。
きょうかしょ86ページで、20より 大きい かずを かぞえよう。
（24）

2 すうじで かきましょう。
きょうかしょ86ページで、20より 大きい かずの かきかたを まなぼう。
① 二十七　　まちがいちゅうい ② 三十
（27）　　　　　　　（30）

3 かずを よみましょう。
きょうかしょ86ページで、20より 大きい かずの よみかたを まなぼう。
① 29　　20 9 29　② 33
（二十九）　　　　（三十三）

4 あてはまる かずを かきましょう。
きょうかしょ86ページで、20より 大きい かずの しくみを まなぼう。
① ②
25　　**32**
20 5　　30 2

ぴったり①

1 20までの数の数え方、よみ方、書き方を理解させます。11から20までの数を、声に出してよみながら書く練習をするとよいでしょう。
2 ①数直線を使って求めます。10の目もりから右に4つ進んだ目もりの数を答えます。
②17の目もりから、左に2つ進んだ目もりの数を答えます。
3 ①13は10より3、15は10より5大きい数です。

ぴったり②

1 20までの数を「10といくつ」と考える練習です。
2 ①1ずつ大きくなっていることがわかります。
②2ずつ大きくなっていることがわかります。
③④数直線を使って求めましょう。
3 ③16は10より6、20は10より10大きい数です。

⏱ **しあげの5分レッスン**
11から 20までの かずは、「10と いくつ」と かんがえよう。

ぴったり①

1 20より大きい数を、10のまとまりの数とばらでとらえます。
①10と10で20、20と6で26（二十六）。
2 ①28は、20（二十）と8（八）だから、二十八。
②32は、30（三十）と2（二）だから、三十二。
3 ①23（二十三）は、20（二十）と3（三）。
②30（三十）と1（一）で31（三十一）。

ぴったり②

1 10の束が2個で20、20と4で24。
2 ①207と書くまちがいに注意しましょう。
②310と書くまちがいに注意しましょう。
3 ①29は、20（二十）と9（九）だから、二十九。
②33は、30（三十）と3（三）だから、三十三。
4 ①20と5で25。
②32は、30と2。

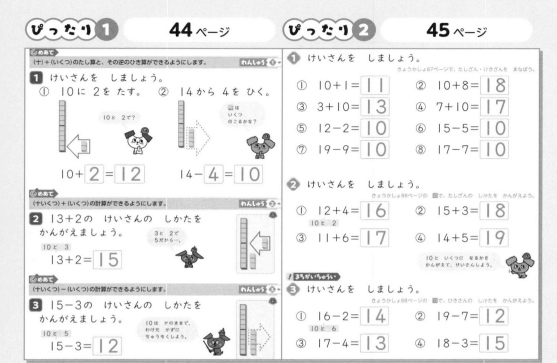

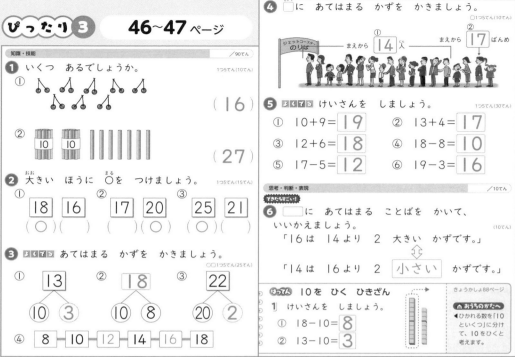

ぴったり①

1. 「10といくつ」の数の構成から考えられるようにしましょう。
   ①10に1けたの数をたすたし算です。「10といくつ」の考え方で答えを求めましょう。
   ②①と逆のひき算です。「10いくつ」を「10といくつ」と考え、「いくつ」からひきます。

2. 13は10と3、3に2をたして5、10と5で15と考えます。

3. 15は10と5、5から3をひいて2、10と2で12と考えます。

ぴったり②

1. ③「3と10」は、「10と3」と同じことを表していることを、ブロックで確認させましょう。

2. ③11は10と1、10と1+6で17。
   ④14は10と4、10と4+5で19。

3. ①16は10と6、6−2=4、10と4で14。
   ③17は10と7、7−4=3、10と3で13。

ぴったり③

1. ①2ずつまとめて数えていきます。
   ②10のまとまりが2個で20、ばらが7なので、20と7で27と数えます。

2. ①②「10といくつ」と考えて、「いくつ」の部分の大小比較をします。
   ③20はどちらも同じなので、ばらの数の大きさを比べます。

3. ①13は、10と3。
   ②10と8で18。
   ③22は、20と2。
   ④2ずつ大きくなっていることがわ

かります。

5. 「10といくつ」の数の構成を身につけて、正しく計算できるようにしてください。

6. 14と16の位置を数直線上で確認して、大きい、小さいの関係を理解させましょう。

はってん

1. ①18は10と8、10をとると8残るから、18−10＝8
   ②13は10と3、10をとると3残るから、13−10＝3

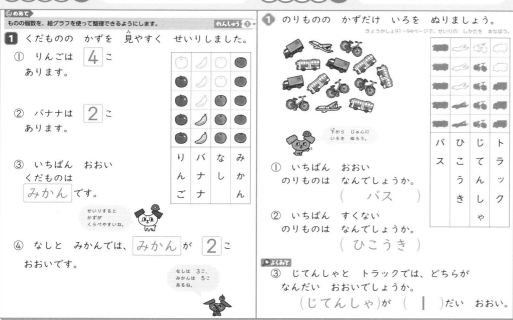

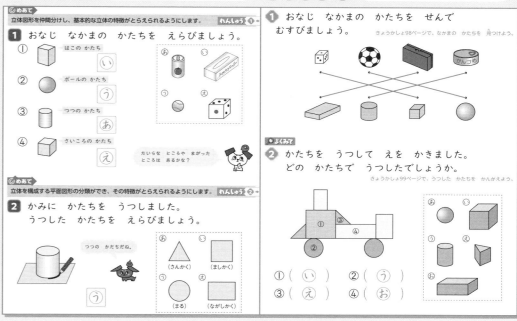

⑨ かずを せいりして

ぴったり① 48ページ

ぴったり② 49ページ

⑩ かたちあそび

ぴったり① 50ページ

ぴったり② 51ページ

ぴったり①

① ものの個数を絵グラフなどを使って整理すると、多い少ないなどの個数の特徴がわかりやすくなることを理解させましょう。
④なしは3個、みかんは5個なので、ちがいは5−3＝2（個）と計算で求めてもよいのですが、絵グラフでは、数のちがいが高さのちがいで表されます。多い分の個数だけ数えればよいことに気づかせましょう。

ぴったり②

① 絵グラフをかくときは、まず、それぞれの乗り物の数を数えてからぬりましょう。
①絵グラフがいちばん高い乗り物を答えます。
②絵グラフがいちばん低い乗り物を答えます。
③自転車が１台分高くなっています。計算で求めるときは、

$$4 - 3 = 1（台）$$

自転車の数　トラックの数

となります。

ぴったり①

① 基本的な立体図形の特徴を理解させます。１年生では、４種類の立体図形を扱います。
①箱の形　　②ボールの形
③つつの形　　④さいころの形

② 立体図形を構成している面の形（平面図形）を考える問題です。１年生では、４種類の平面図形を扱います。
あさんかく　　いましかく
うまる　　えながしかく

ぴったり②

① 立体図形の特徴をつかんで仲間分けします。

② ①ましかくがあるのは、いのさいころの形です。
②まるがあるのは、うのつつの形です。ボールの形は正面から見るとまるに見えますが、形を紙に写し取ることはできません。
③さんかくがあるのは、えの三角柱です。
④ながしかくがあるのは、おのはこの形とえの三角柱ですが、④の形からおと判断します。

ぴったり3 52ページ

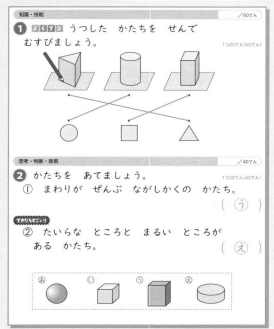

あのボールの形は平らなところが
ありません。平面と曲面の両方あ
るのは、⑦つの形だけです。

おうちのかたへ

身近にある積木などの立体図形を積み重
ねたり転がしたりすることで、その立体
図形の特徴をとらえられるようにしま
しょう。また、立体図形から平面図形を
写し取ることで、立体図形を構成してい
る面の形をとらえ、仲間分けできるよう
にしてください。

ぴったり3

1 平面図形を紙に写し取ることで、立
体図形を構成している面の形をとら
えることができます。実際に操作す
ることで、立体図形と平面図形の関
係性への理解を深めましょう。

2 言葉による立体図形の特徴の表現で
す。
①箱の形の⑦を選びます。
　①とするまちがいに注意して、さ
　いころの形と箱の形をきちんと区
　別できるようにします。
②⑦つの形のえを選びます。

さんすうワールド
53ページ

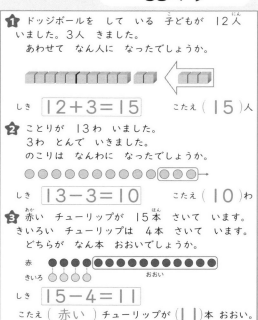

5－4＝1なので、10と1で11。
また、答え方にも注意させましょう。

しあげの5分レッスン

ぶんしょうだいは、かんたんな　ずを
かいて　かんがえよう。

1 「あわせて」なので、増加の場面のた
し算です。ブロックの図を参考にし
て、計算のしかたを考えましょう。
12は10と2、10と2＋3で15。

2 「のこりは」なので、残りの数を求め
る求残の場面のひき算です。計算の
しかたは、
13は10と3、3－3＝0なので、
答えは10。

3 「どちらが何本多いか」なので、ちが
いを求める求差の場面のひき算です。
計算のしかたは、15は10と5、

11 3つの かずの たしざん、ひきざん

ぴったり1　54ページ

◎めあて
3つの数のたし算やひき算の場面がわかり、式に表せるようにします。　れんしゅう ①③

1 ぜんぶで なんわに なったでしょうか。

4わ いました。　3わ きました。　2わ きました。

しき 4 ＋ 3 ＋ 2 ＝ 9　　こたえ 9 わ

4＋3を さきに けいさんしよう。

◎めあて
たし算とひき算のまじった場面がわかり、式に表せるようにします。　れんしゅう ②③

2 なんこに なったでしょうか。

5こ ありました。　2こ とりました。　3こ 入れました。

しき 5 ― 2 ＋ 3 ＝ 6

左から じゅんに けいさんしよう。

5－2＝3、3＋3＝6
これを 1つの しきに かくと、
5－2＋3に なるよ。

こたえ 6 こ

ぴったり2　55ページ

1 のこりは なん人でしょうか。
きょうかしょ106ページで、3つの かずの ひきざんを かんがえよう。

9人 いました。　3人 かえりました。　2人 かえりました。

しき 9－3－2＝4　　こたえ（ 4 ）人

まちがいちゅうい

2 なんわに なったでしょうか。
きょうかしょ107ページで、3つの かずの けいさんを かんがえよう。

2わ ありました。　8わ おりました。　5わ あげました。

しき 2＋8－5＝5　　こたえ（ 5 ）わ

3 けいさんを しましょう。
きょうかしょ104～107ページで、3つの かずの けいさんを れんしゅうしよう。

① 4＋1＋2＝ 7 　② 13－3－5＝ 5
③ 10－5＋3＝ 8 　④ 12＋6－7＝ 11

ぴったり3　56～57ページ

知識・技能　　　　　　　　　　　　/70てん

1 しきに かきましょう。
ぜんぶできて1もん20てん(40てん)

①

かきが 10こ ありました。　4こ たべました。　3こ おちました。

かきは なんこ のこったでしょうか。

しき 10 ― 4 ― 3 ＝ 3

②

いもが 6本 ありました。　3本 入れました。　4本 たべました。

いもは なん本に なったでしょうか。

しき 6＋3－4＝5

2 よくでる けいさんを しましょう。
1つ5てん(30てん)

① 2＋8＋5＝ 15 　② 10＋3＋6＝ 19
③ 10－4－1＝ 5 　④ 18－8－3＝ 7
⑤ 12＋3－4＝ 11 　⑥ 10－6＋2＝ 6

思考・判断・表現　　　　　　　　　/30てん

3 あめが 15こ ありました。
おやつに 5こ たべました。
その あと 8こ かって きました。
いま、あめは なんこ あるでしょうか。
1つ10てん(20てん)

しき 15－5＋8＝18　　こたえ（ 18 ）こ

できたらすごい！

4 ⑤から ⑦の うち、5－3＋2の しきを あらわす ものを えらびましょう。
(10てん)

⑤

⑥

⑦

（ ⑦ ）

ぴったり1

1 3つの数のたし算は左から順に計算します。
4＋3＝7 →7＋2＝9
上の計算をすずめの絵と結びつけて理解するとよいでしょう。

2 りんごを2個取る →ひき算
りんごを3個入れる→たし算
5－2＝3 →3＋3＝6

ぴったり2

1 3つの数のひき算も左から順に計算します。
9－3＝6 →6－2＝4

2 　2＋8－5
→2＋8＝10 → 10－5＝5

3 3つの数の計算は、左から順に計算します。
① 4＋1＋2
→4＋1＝5 →5＋2＝7
② 13－3－5
→13－3＝10 → 10－5＝5
③ 10－5＋3
→10－5＝5 →5＋3＝8
④ 12＋6－7
→12＋6＝18 → 18－7＝11

ぴったり3

1 ① 10 － 4 － 3 ＝ 3

| はじめ 10個 | 4個 食べる | 3個 落ちる |

② 6 ＋ 3 － 4 ＝ 5

| はじめ 6本 | 3本 入れる | 4本 食べる |

2 ② 10＋3＋6
→ 10＋3＝13 → 13＋6＝19
③ 10－4－1
→ 10－4＝6 → 6－1＝5
④ 18－8－3
→ 18－8＝10 → 10－3＝7

⑤ 12＋3－4
→ 12＋3＝15 → 15－4＝11
⑥ 10－6＋2
→ 10－6＝4 → 4＋2＝6

3 15 － 5 ＋ 8 ＝ 18

| はじめ 15個 | 5個 食べる | 8個 買ってくる |

4 5－3＋2の意味は、「はじめに5個あって、そこから3個取った残りに2個たす」です。⑤と⑥を式で表すと、
⑤…5＋3＋2　⑥…7－2－3
になります。

12 たしざん

| ぴったり1 | 58ページ | ぴったり2 | 59ページ | ぴったり1 | 60ページ | ぴったり2 | 61ページ |

ぴったり1 (58ページ)

◎めあて たされる数で10をつくる、くり上がりのあるたし算を理解します。　れんしゅう①➡

1 8+5の けいさんを します。

❶ 8は あと [2] で 10

❷ 5を 2と [3] に わける。

❸ 8と [2] で 10

❹ 10と 3で [13]

❺ 8+5= [13]

10の まとまりを つくろう。

◎めあて たす数で10をつくる、くり上がりのあるたし算を理解します。　れんしゅう②③➡

2 3+9の けいさんを します。

3と 9の どちらで 10を つくろうかな?

❶ 9は あと [1] で 10

❷ 3を 1と [2] に わける。

❸ 9と [1] で 10

❹ 2と 10で [12]

❺ 3+9= [12]

ぴったり2 (59ページ)

① けいさんを しましょう。
きょうかしょ113〜116ページで、けいさんの しかたを かんがえよう。

9+1+2
① 9+3= [12]　② 8+3= [11]

③ 9+5= [14]　④ 7+4= [11]

! まちがいちゅうい

② けいさんを しましょう。
きょうかしょ117〜118ページで、けいさんの しかたを かんがえよう。

1+1+9
① 2+9= [11]　② 4+8= [12]

③ 3+8= [11]　④ 5+8= [13]

⑤ 8+9= [17]　⑥ 9+9= [18]

📖 よくよんで

③ おりがみが 4まい ありました。
7まい もらいました。
ぜんぶで なんまいに なったでしょうか。
きょうかしょ119ページで、たしざんの もんだいを かんがえよう。

しき [4+7=11]　こたえ ([11])まい

ぴったり1 (60ページ)

◎めあて カードを使って、くり上がりのあるたし算を練習します。　れんしゅう①➡

1 どの カードの こたえでしょうか。

① [13]
うら　おもて
[3+8] [4+9] [7+7]
（い）

② [15]
うら　おもて
[7+8] [6+7] [3+9]
（あ）

カードの うらには、おもての けいさんの こたえが かいて あるよ。

◎めあて カードを使って、答えが同じになるたし算について考えます。　れんしゅう②➡

2 こたえが 14に なる カードを 見つけましょう。

あ [6+6]　い [8+7]

う [9+4]　え [6+8]

（え）

こたえが おなじに なる カードを ならべて、気が ついた ことを いって みよう。

ぴったり2 (61ページ)

① カードの おもてと うらを せんで むすびましょう。
きょうかしょ120ページで、たしざんの れんしゅうを しよう。

おもて　　うら
[5+7]　　[13]
[7+4]　　[16]
[5+8]　　[11]
[9+7]　　[12]

はやく 正しく けいさんしよう。

! まちがいちゅうい

② こたえが おなじに なる カードを せんで むすびましょう。
きょうかしょ121ページで、おなじ こたえの たしざんを あつめよう。

[8+5]　　[8+8]
[7+9]　　[5+9]
[8+6]　　[7+6]

ぴったり1

1 たされる数の8はあと2で10になるので、たす数5を分解して、たされる数の8と2で10をつくります。
8+5 → 8+2+3 → 10+3=13

2 たされる数の方が小さいときは、たされる数の方を分解して計算する方法もあります。
3+9 → 2+1+9 → 2+10=12

ぴったり2

① ①9+3 → 9+1+2
　　　　→ 10+2=12
③9+5 → 9+1+4
　　　　→ 10+4=14

② ①2+9 → 1+1+9
　　　　→ 1+10=11
④5+8 → 3+2+8
　　　　→ 3+10=13

⑤⑥のように、たされる数とたす数の大きさが近いときは、どちらと10をつくってもかまいません。やりやすい方法で計算しましょう。

③ 増加の場面のたし算です。
4+7 → 1+3+7 → 1+10=11

ぴったり1

1 それぞれのカードの表の式の答えは、
①あ…11　い…13　う…14
②あ…15　い…13　う…12

2 答えが同じになるたし算の式を見つけます。
あ…12　い…15　う…13　え…14
答えが同じになるカードを、たされる数が1ずつ大きくなるように並べると、右のような関係になります。

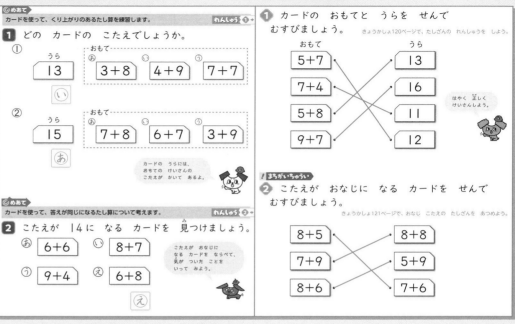

6+6
1ふえる　　1へる
7+5
1ふえる　　1へる
8+4

ぴったり2

① カードを使って、速く正確に計算できるように、くり返し練習させましょう。

② それぞれのカードの答えを求めてから、同じ答えになるカードを線で結ばせましょう。
8+5=13　　8+8=16
7+9=16　　5+9=14
8+6=14　　7+6=13

🕐 しあげの5分レッスン
たしざんの こたえを カードの よこに かいて おこう。

ぴったり3　62〜63ページ

知識・技能　　　　　　　　　／80てん

❶ □に あてはまる かずを かきましょう。
　　　　　　　　　　　　　　　□1つ5てん(20てん)

9+4の けいさんの しかた

❶ 9は あと 1 で 10

❷ 4を 1と 3 に わける。

❸ 9と 1で 10

❹ 10と 3 で 13

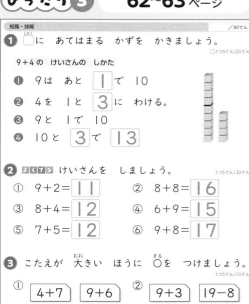

❷ よく出る けいさんを しましょう。
　　　　　　　　　　　　　　　1つ5てん(30てん)

① 9+2= 11 　　② 8+8= 16

③ 8+4= 12 　　④ 6+9= 15

⑤ 7+5= 12 　　⑥ 9+8= 17

❸ こたえが 大きい ほうに ◯を つけましょう。
　　　　　　　　　　　　　　　1つ5てん(10てん)

① 4+7 　9+6 　　② 9+3 　19−8
　( ) 　(◯) 　　 (◯) 　( )

❹ おなじ こたえに なる しきを せんで むすびましょう。
　　　　　　　　　　　　　　　1つ5てん(20てん)

思考・判断・表現　　　　　　／20てん

❺ よく出る なしを、ゆみさんは 7こ、ひろしさんは 8こ とりました。あわせて なんこ とったでしょうか。
　　　　　　　　　　　　　　　1つ5てん(10てん)

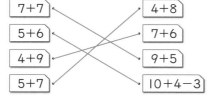

しき 7+8=15 　　こたえ(15)こ

できたらすごい!

❻ こたえが 16に なる たしざんを 2つ つくりましょう。　　　しき 1つ5てん(10てん)

(れい) 10 + 6 =16 　(れい) 9 + 7 =16

---

13 ひきざん

ぴったり1　64ページ

めあて
ひかれる数を「10といくつ」に分ける、くり下がりのあるひき算を理解します。　れんしゅう❶❸+

❶ 13−8の けいさんを します。

❶ 13は 10 と 3

❷ 10から 8 を ひいて 2

❸ 3と 2で 5

❹ 13−8= 5

10から 8を ひくんだね。

めあて
ひく数を2つに分けて、2回ひいてくり下げるひき算を理解します。　れんしゅう❷

❷ 13−4の けいさんを します。

❶ 4は 3と 1

❷ 13から 3 を ひくと 10

❸ 10から 1 を ひくと 9

❹ 13−4= 9

4を 2つに わけて、じゅんに ひいて いくんだね。

ぴったり2　65ページ

❶ けいさんを しましょう。
きょうかしょ125〜128ページで、けいさんの しかたを かんがえよう。

① 11−9= 2 　　② 12−8= 4

③ 13−9= 4 　　④ 11−8= 3

まちがいちゅうい

❷ けいさんを しましょう。
きょうかしょ129〜130ページで、けいさんの しかたを かんがえよう。

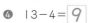

① 14−5= 9 　　② 13−5= 8

③ 11−2= 9 　　④ 12−4= 8

⑤ 15−8= 7 　　⑥ 13−6= 7

よくよんで

❸ みかんが 12こ ありました。9こ たべました。のこりは なんこに なったでしょうか。
きょうかしょ131ページで、ひきざんの もんだいを かんがえよう。

しき 12−9=3 　　こたえ(3)こ

ぴったり3

❶ くり上がりのあるたし算の計算のしかたを確認する問題です。たされる数やたす数と10をつくるという考え方を定着させましょう。

❷ 計算のしかたを確認しながら、速く正確にできるように練習させてください。

❸ 計算の答えの大小を問う問題です。
　①4+7=11　　9+6=15
　②9+3=12　　19−8=11

❹ それぞれの式の答えを求めてから、同じ答えになる式を線で結ばせましょう。

7+7=14 　　4+8=12
5+6=11 　　7+6=13
4+9=13 　　9+5=14
5+7=12 　　10+4−3=11

❺ 合併の場面のたし算です。

❻ 答えが16になる2つの数のたし算はたくさんあります。くり上がって16になるもの、くり上がりのないものなどに分けて求めさせてもよいでしょう。

ぴったり1

❶ ひかれる数の13を「10といくつ」に分解して、10からひく数の8をひいて、その結果に分解しておいた3をたします。
13−8 → 10−8+3 → 2+3=5

❷ ひく数が小さいとき、ひく数を分解して、順にひいていく計算方法を使います。
13−4 → 13−3−1
　　　→ 10−1=9

❶❷のどちらの方法で計算してもかまいません。

ぴったり2

❶ ①11−9 → 10−9+1
　　　　→ 1+1=2
　③13−9 → 10−9+3
　　　　→ 1+3=4

❷ ①14−5 → 14−4−1
　　　　→ 10−1=9
　④12−4 → 12−2−2
　　　　→ 10−2=8
⑤⑥は、どちらの計算方法でもかまいません。

❸ 残りの数を求める求残の場面のひき算です。

◎めあて
カードを使って、くり下がりのあるひき算を練習します。 **れんしゅう①▸**

1 どの カードの こたえでしょうか。

①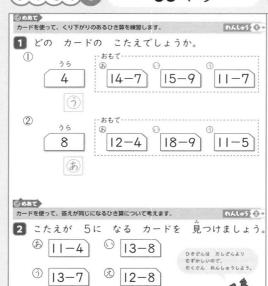
うら
4
おもて
14−7　15−9　11−7
う

② うら
8
おもて
12−4　18−9　11−5
あ

◎めあて
カードを使って、答えが同じになるひき算について考えます。 **れんしゅう②▸**

2 こたえが 5に なる カードを 見つけましょう。

あ 11−4　　い 13−8
う 13−7　　え 12−8

ひきざんは たしざんより
むずかしいので、
たくさん れんしゅうしよう。

1 カードの おもてと うらを せんで
むすびましょう。　きょうかしょ132ページで、ひきざんの れんしゅうを しよう。

おもて　　　　　うら
12−7　　　　　9
16−9　　　　　5
11−8　　　　　3
15−6　　　　　7

!まちがいちゅうい
2 こたえが おなじに なる カードを せんで
むすびましょう。　きょうかしょ133ページで、おなじ こたえの ひきざんを あつめよう。

17−8　　　　13−5
12−6　　　　16−7
11−3　　　　14−8

知識・技能　　　　/80てん
1 □に あてはまる かずを かきましょう。
□1つ1つてん(20てん)

12−7の けいさんの しかた
● 12は 10と 2
❷ 10から 7を ひいて 3
❸ 2と 3で 5

2 **よくでる** けいさんを しましょう。
1つ5てん(30てん)
① 11−5=6　　② 13−7=6
③ 14−9=5　　④ 14−6=8
⑤ 12−3=9　　⑥ 15−7=8

3 こたえが 大きい ほうに ○を つけましょう。
1つ5てん(10てん)
① 11−2　16−8　　② 13−4　17−6
（○）　（　）　　（　）　（○）

4 おなじ こたえに なる しきを せんで
むすびましょう。
1つ5てん(20てん)

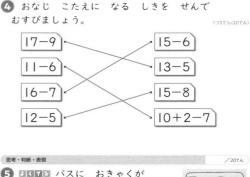
17−9　　　　15−6
11−6　　　　13−5
16−7　　　　15−8
12−5　　　　10+2−7

思考・判断・表現　　　/20てん
5 **よくでる** バスに おきゃくが
14人 のって います。
その うち 8人は おとなです。
子どもは なん人 のって
いるでしょうか。　　1つ5てん(10てん)

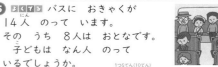

しき 14−8=6　　こたえ（ 6 ）人

できたらすごい
6 □に あてはまる かずを かきましょう。 (10てん)
11−2=9

ぴったり①

1 それぞれのカードの表の式の答えは、
①あ…7 い…6 う…4
②あ…8 い…9 う…6

2 答えが同じになるひき算の式を見つ
けます。
あ…7 い…5 う…6 え…4
答えが同じになるカードを、ひかれ
る数が1ずつ大きくなるように並べ
ると、右
のような
関係にな
ります。

11−6
1ふえる　↘　1ふえる
12−7
1ふえる　↗　1ふえる
13−8

ぴったり②

1 カードを使って、速く正確に計算で
きるように、くり返し練習させま
しょう。

2 それぞれのカードの答えを求めてか
ら、同じ答えになるカードを線で結
ばせましょう。
17−8=9　　13−5=8
12−6=6　　16−7=9
11−3=8　　14−8=6

⏱しあげの5分レッスン
ひきざんの こたえを カードの よこ
に かいて おこう。

ぴったり③

1 くり下がりのあるひき算の計算のし
かたを確認する問題です。

2 ①11−5 → 10−5+1
　　　　→5+1=6
③14−9 → 10−9+4
　　　　→1+4=5
⑤12−3 → 10−3+2
　　　　→7+2=9

3 計算の答えの大小を問う問題です。
①11−2=9　　16−8=8
②13−4=9　　17−6=11

4 それぞれの式の答えを求めてから、
同じ答えになる式を線で結ばせま
しょう。
17−9=8　　15−6=9
11−6=5　　13−5=8
16−7=9　　15−8=7
12−5=7　　10+2−7=5

5 バスのお客の人数から大人の人数を
ひいた残りが子どもの人数になるこ
とを理解させましょう。

6 ある数は、答えの9に2をたせば求
められることに気づかせましょう。

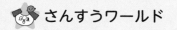

70〜71 ページ

❶ ものが おいて ある ばしょを こたえましょう。

上
左　右
下

れい ぼうしは 上から 1だんめ、
左から 2ばんめに あります。

① うさぎの ぬいぐるみは 上から 2 だんめ、
左から 4 ばんめに あります。

上、下、左、右の
どこから かぞえて
いるかを かんがえよう。

② なわとびは 下から 2 だんめ、
右から 3 ばんめに あります。

❷ みんなの つくえの ばしょを こたえましょう。

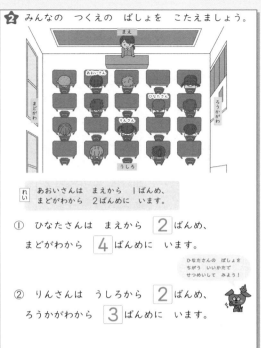

まえ
あおいさん
まどがわ　ひなたさん　ろうかがわ
りんさん
うしろ

れい あおいさんは まえから 1ばんめ、
まどがわから 2ばんめに います。

① ひなたさんは まえから 2 ばんめ、
まどがわから 4 ばんめに います。

ひなたさんの ばしょを
ちがう いいかたで
せつめいして みよう!

② りんさんは うしろから 2 ばんめ、
ろうかがわから 3 ばんめに います。

---

⑭ **くらべかた**

ぴったり❶ **72 ページ** ぴったり❷ **73 ページ**

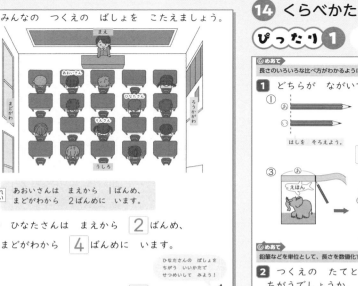

めあて
長さのいろいろな比べ方がわかるようにします。　れんしゅう❶

❶ どちらが ながいでしょうか。

① あ ⓘ　　② あ ⓘ

はしを そろえよう。　　のばすと どうなる?

あ

③ あ　えほん　→　えほん ⓘ

あと ⓘの ながさを
テープに うつして
くらべて いるよ。

めあて
鉛筆などを単位として、長さを数値化する意味を理解します。　れんしゅう❷❸

❷ つくえの たてと よこの ながさは、どれだけ
ちがうでしょうか。

よこ
たて

たては、ゆび 4 こぶん。
よこは、ゆび 5 こぶん。
よこ が、ゆび 1 こぶん
ながい。

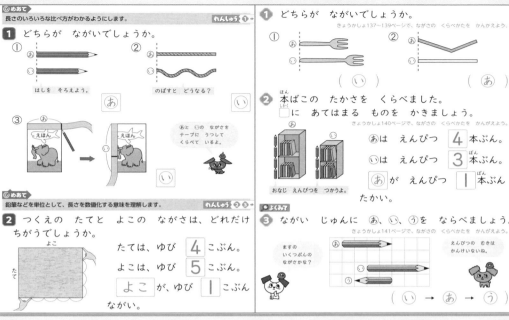

① どちらが ながいでしょうか。

きょうかしょ137〜139ページで、ながさの くらべかたを かんがえよう。

① あ ⓘ　② あ ⓘ

（ ⓘ ）　　（ あ ）

❷ 本ばこの たかさを くらべました。
□ に あてはまる ものを かきましょう。

きょうかしょ140ページで、ながさの くらべかたを かんがえよう。

あは えんぴつ 4 本ぶん。
ⓘは えんぴつ 3 本ぶん。
あ が えんぴつ 1 本ぶん
たかい。

おなじ えんぴつを つかうよ。

よくみて

❸ ながい じゅんに あ、ⓘ、ⓤを ならべましょう。

きょうかしょ141ページで、ながさの くらべかたを かんがえよう。

あ
ⓘ
ⓤ

ますの
いくつぶんの
ながさかな?

えんぴつの むきは
かんけいないね。

（ ⓘ → あ → ⓤ ）

---

❶ 上下や左右など、2方向からのもの
の位置の表し方を学習します。
　たとえば、ぼうしは上下方向につい
ては「上から1段目」にあります。
しかし、1段目にはぼうし、電車、車、
くまのぬいぐるみと4つあって、正
確な場所は特定できません。上下方
向に加えて、左右方向について「左
から2番目」と表して、初めて場所
が1か所に決まることを理解させま
しょう。このとき、「上から、下から」、
「左から、右から」と基点を示すこと

を確認しておきましょう。この問題
で問われている「うさぎのぬいぐる
み」と「なわとび」以外のものについ
ても、同じように表すことができる
か、考えさせるとよいでしょう。
❷ 前後、窓側・ろう下側の2方向から
座席の場所を説明する問題です。
　ひなたさんの机は、「うしろから」3
番目、「ろう下側」から2番目と説明
することもできます。

ぴったり❶
1 ①左端がそろっているので、右にと
び出ている方が長いことになりま
す。
②曲がっているものは、まっすぐに
伸ばして比べるのが基本ですが、
両端がそろっているので、曲がっ
ている方が長いことになります。
③本の縦と横のように、端をそろえ
て並べて比べられないものは、
テープなどに長さを写し取って比
べることができます。
2 指の間の長さを使って、机の縦と横

の長さをそのいくつ分で表します。

ぴったり❷
1 ①左端がそろっているので、出てい
る方が長いことになります。
②両端がそろっているので、折れて
いる方が長いことになります。
2 鉛筆の数で長さを比較することがで
きるので、4−3＝1で、鉛筆1本
分あの本箱の方が高いことになりま
す。
3 あはます4個分、ⓘは5個分、ⓤは
3個分の長さです。

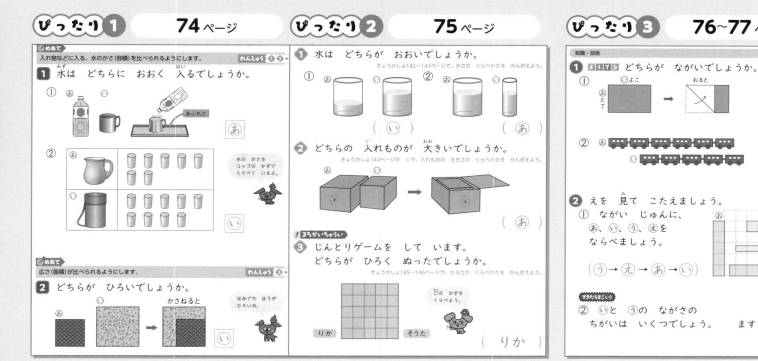
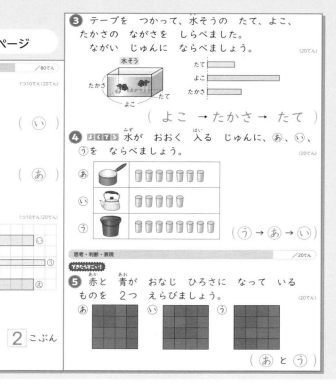

ぴったり1

① ①あの容器いっぱいに入れた水をいの容器に移すと、いに入りきらないであふれました。この結果、あの方がいよりも多く水が入ることがわかります。

②あは7個分、いは9個分です。コップの数が多い方が多く入ることを理解させましょう。

② あといの2辺をそろえて、直接重ねて広さを比べます。重ねて、はみ出た方が広いことに気づかせてください。

ぴったり2

① ①容器の大きさが同じなので、水面の高さが高い方が多く入っていることになります。

②水面の高さが同じで、容器の大きさがちがっているので、容器が大きい方が多く入っていることになります。

② あの箱の中にいの箱が入ることによって、あの箱の方が大きいことがわかります。

③ ますの数は、りかさんは13個、そうたさんは12個です。

ぴったり3

① ①紙の縦と横を、2辺をそろえて折って直接比較しています。とび出た方が長いことを確認させてください。

②あは6個分、いは5個分の長さです。

② ①それぞれのますの数は、
   あ…5個分　い…4個分
   う…6個分　え…5個分と少し
②いは4個分、うは6個分なので、6−4=2で、長さのちがいは2個分と求められます。

③ 一方の端をそろえることで、3本のテープの長さが比べやすくなっていることに気づかせましょう。

④ コップの数は、
   あ…7個　い…5個　う…8個

⑤ 「同じ広さ」ということは、「ますの数が同じ」ということです。ますの数を数えて、赤いますと青いますの数が同じものを見つけます。
   あ赤…8個　　青…8個
   い赤…7個　　青…9個
   う赤…8個　　青…8個

⑮ 大きな かず

ぴったり①	**78**ページ	ぴったり②	**79**ページ

ぴったり① **78**ページ

めあて 100までの数の数え方・書き方・構成を理解します。　**れんしゅう①**

1 いくつ あるでしょうか。

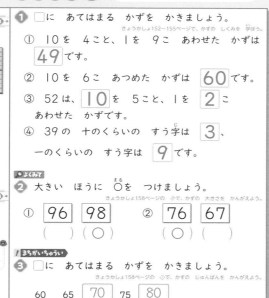

①　10が 3こと、1が 5こで
35
（さんじゅう ご）
十のくらい　一のくらい

②　10が 10こで
100（ひゃく）
100（百）は、99より 1 大きい かずだよ。

めあて 数の線を見て、2けたの数の大小や、並び方（系列）がわかるようにします。　**れんしゅう②③**

2 □に あてはまる かずを かきましょう。

①　78より 10 大きい かずは **88** です。

②　47より 2 小さい かずは **45** です。
（40　47　50）

③　**99** より 1 大きい かずは 100です。

100より 1 小さい かずは…？

ぴったり② **79**ページ

1 □に あてはまる かずを かきましょう。
きょうかしょ152～155ページで、かずの しくみを 学ぶよ。

①　10を 4こと、1を 9こ あわせた かずは **49** です。

②　10を 6こ あつめた かずは **60** です。

③　52は、**10** を 5こと、1を **2** こ あわせた かずです。

④　39の 十のくらいの すう字は **3**、一のくらいの すう字は **9** です。

ふくみて

2 大きい ほうに ○を つけましょう。
きょうかしょ158ページの ◇で、かずの 大きさを かんがえよう。

①　96　**98**
（　）（○）

②　**76**　67
（○）（　）

まちがいちゅうい

3 □に あてはまる かずを かきましょう。
きょうかしょ158ページの ◇で、かずの じゅんばんを かんがえよう。

60　65　**70**　75　**80**

ぴったり①	**80**ページ	ぴったり②	**81**ページ

ぴったり① **80**ページ

めあて 100より大きい数の数え方・書き方を理解します。　**れんしゅう①②**

1 いくつ あるでしょうか。

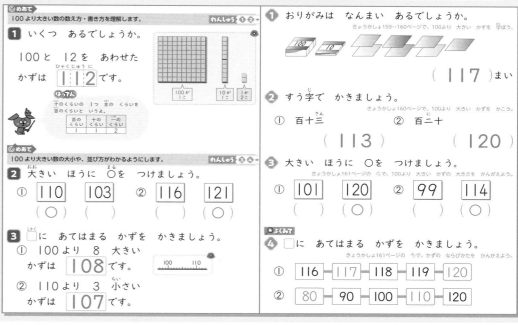

100と 12を あわせた かずは **112** です。

ゆうてん
十のくらいの 1つ 左の くらいを 百のくらいと いいます。

百の くらい	十の くらい	一の くらい
1	1	2

めあて 100より大きい数の大小や、並び方がわかるようにします。　**れんしゅう③④**

2 大きい ほうに ○を つけましょう。
きょうかしょ158ページの ◇で、かずの 大きさを かんがえよう。

①　**110**　103
（○）（　）

②　116　**121**
（　）（○）

3 □に あてはまる かずを かきましょう。

①　100より 8 大きい かずは **108** です。

②　110より 3 小さい かずは **107** です。

100　110

ぴったり② **81**ページ

1 おりがみは なんまい あるでしょうか。
きょうかしょ159～160ページで、100より 大きい かずを 学ぼう。

（ **117** ）まい

2 すう字で かきましょう。
きょうかしょ160ページで、100より 大きい かずを かこう。

①　百十三　　②　百二十
（ **113** ）　　（ **120** ）

3 大きい ほうに ○を つけましょう。
きょうかしょ161ページの ◇で、100より 大きい かずの 大きさを かんがえよう。

①　**101**　120
（　）（○）

②　99　**114**
（　）（○）

ふくみて

4 □に あてはまる かずを かきましょう。
きょうかしょ161ページの ◇で、かずの ならびかたを かんがえよう。

①　116－**117**－118－119－**120**

②　**80**－90－**100**－**110**－120

ぴったり①

1 ①10が3個で30、30と5で35。
②「10が10個で100」という考え方で100を表します。

2 ①78は、10を7個と1を8個あわせた数です。10大きい数は、10が8個になるので80。80と8で88になります。
②数の線を使って、47→46→45と2小さい数を求めます。
③「□より1大きい数は100」は、「100より1小さい数は□」と言いかえられます。

ぴったり②

1 ①10が4個で40、40と9で49。
②10が6個で60です。
③52は、50と2をあわせた数です。50は、10を5個あつめた数。2は、1を2個あつめた数。
④2けたの数の左の数字が十の位、右の数字が一の位を表します。

2 2けたの数の大小比較は、先に十の位の数字を比べて、十の位が同じなら一の位の数字の大小を比べます。

3 右へ進むにつれて5ずつ大きくなっていることがわかります。

ぴったり①

1 100より大きい数は、「100といくつ」と考えて数を表します。

2 ①110は、100と10。103は、100と3。
→110のほうが103より大きい。
②116は、100と16。121は、100と21。
→121のほうが116より大きい。

3 ①100と8で108です。
②110は、100と10。10より3小さい数は7だから、100と7で107。

ぴったり②

1 100の束が1つ、10の束が1つ、1が7つで117。

2 ①100と13で113。
②100と20で120。

3 ①「100といくつ」に分けて、「いくつ」の大きさを比べればよいことに気づかせましょう。
②99は100より小さい数、114は100より大きい数です。

4 ①は1ずつ、②は10ずつ大きくなっています。

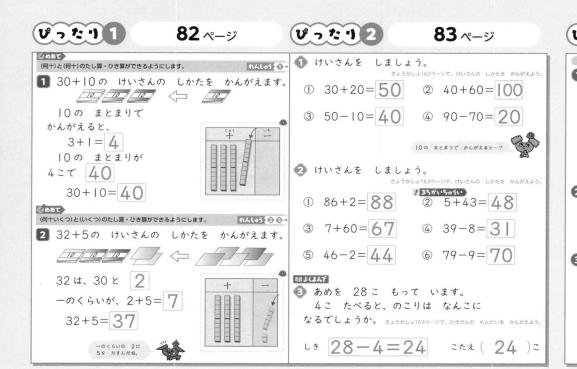

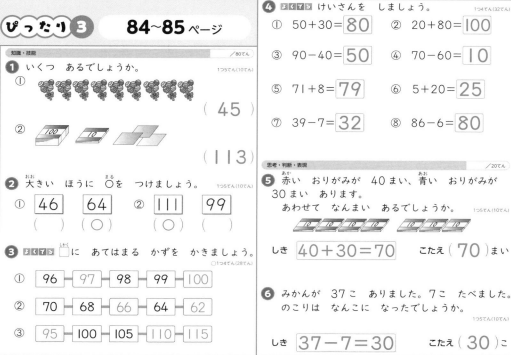

ぴったり1

1 10の束で考えると、30+10は3+1とみることができます。10の束が、3+1＝4（個）で40となります。

2 32は30と2、2+5＝7、30と7で37。

ぴったり2

1 ①10が、3+2＝5（個）で50。
②10が、4+6＝10（個）で100。
③10が、5−1＝4（個）で40。
④10が、9−7＝2（個）で20。

2 ①86は80と6、6+2＝8、80と8で88。
②43は40と3、5+3＝8、8と40で48。
④39は30と9、9−8＝1、30と1で31。
⑤46は40と6、6−2＝4、40と4で44。
⑥79は70と9、9−9＝0、70と0で70。

3 28−4の計算は、一の位どうしのひき算をして、十の位とあわせます。

ぴったり3

1 ①5個ずつ束になっています。2束ずつ囲むと、10が4個と5で45。
②100と10と3で113。

2 数の大小比較は、十の位の数字→一の位の数字の順に比べていくのが基本です。②はけた数がちがうので、3けた＞2けたで判断することもできます。

3 ①98→99なので、1ずつ大きくなっています。
②70→68なので、2ずつ小さくなっています。
③100→105なので、5ずつ大きくなっています。

4 ①〜④は、10の束の数で計算しましょう。
⑤〜⑧は、一の位どうしで計算をして、（何十）の数をあわせます。

5 合併の場面のたし算です。計算は、10の束が7個で70と求められます。

6 残りの数を求める求残の場面のひき算です。

ぴったり 1 2 （86ページ）

めあて　○時○分の時計のよみ方や時計のしくみを理解します。　れんしゅう ①

1 とけいを　よみましょう。

みじかい　はりが　3と
4の　あいだ ➡ 3 じ～

ながい　はりが、
30ぷんと　あと　2めもり
➡ 32 ふん
➡ 3 じ 32 ふん

めもりは
1ぷんを　あらわして
いるよ。

よくみて

1 なんじなんぷんでしょうか。
きょうかしょ166～168ページで、とけいの　よみかたを　学ぼう。

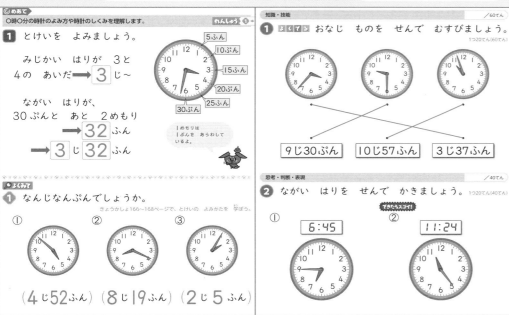

① （4 じ 52 ふん）　② （8 じ 19 ふん）　③ （2 じ 5 ふん）

ぴったり 3 （87ページ）

知識・技能　／60てん

1 よくでる　おなじ　ものを　せんで　むすびましょう。　1つ20てん(60てん)

9じ30ぷん　　10じ57ふん　　3じ37ふん

思考・判断・表現　／40てん

2 ながい　はりを　せんで　かきましょう。　1つ20てん(40てん)

てんたらスゴイ！

① 6:45　　② 11:24

---

1 下の　みかんを、おなじ　かずずつに　わけます。

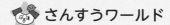

① みかんは　なんこ　あるでしょうか。
（ 8 ）こ

② 2こずつ　わけます。
2こずつ ◯ で　かこみましょう。

上の　えを　つかって、
◯で　かこんで　みよう。

③ ②の　ことを　しきに　あらわしましょう。
2 + 2 + 2 + 2 = 8

④ おなじ　かずずつ　2人で　わけると、
1人ぶんは　なんこに　なるでしょうか。
しきに　あらわすと　4 + 4 = 8
（ 4 ）こ

2 下の　あめを、おなじ　かずずつに　わけます。

① あめは　なんこ　あるでしょうか。
（ 15 ）こ

② 3こずつ　わけます。
3こずつ ◯ で　かこみましょう。

上の　えの　あめを、
3こずつ ◯で
かこう。

③ ②の　ことを　しきに　あらわしましょう。
3 + 3 + 3 + 3 + 3 = 15

④ おなじ　かずずつ　3人で　わけると、
1人ぶんは　なんこに　なるでしょうか。
5 + 5 + 5 = 15
（ 5 ）こ

ぴったり 1

1 6では30分だから、30分と2目もり（2分）で32分になります。

ぴったり 2

1 ①短針は5に近いですが、まだ5時にはなっていません。したがって、4時台です。文字盤の数字の10は50分だから、それより2目もり進んでいるので、52分です。

ぴったり 3

1 「時」は短針、「分」は長針をよみますが、文字盤の数字がそのまま「分」を表していないので、理解しにくいようです。長針の位置と「分」との関係をしっかり理解させてください。

2 デジタル表示のよみ方も確認しておきましょう。
①文字盤の数字は5目もりおきについているので、1から順に5、10、15、……と数えると、45分は数字の9を指すことがわかります。
②24分は、20分と4分（4目もり）です。数字の4から4目もりめを指します。

1 具体物を、いくつかずつにまとめて数えたり、等分したりして、数に対する感覚を養います。これは、2年生や3年生で学習する「かけ算」や「わり算」につながる考え方です。
③2個ずつ分けると、4つに分けられることを確認させましょう。
④図を使って、2つに分けてみましょう。

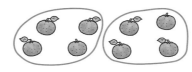

4個ずつに分けると、2つに分けられることを確認させましょう。

2 ③3個ずつ分けると、5つに分けられることを確認させましょう。
④図を使って、3つに分けてみましょう。

5個ずつに分けると、3つに分けられることを確認させましょう。

ぴったり1 　90ページ　　**ぴったり2** 　91ページ　　**ぴったり1** 　92ページ　　**ぴったり2** 　93ページ

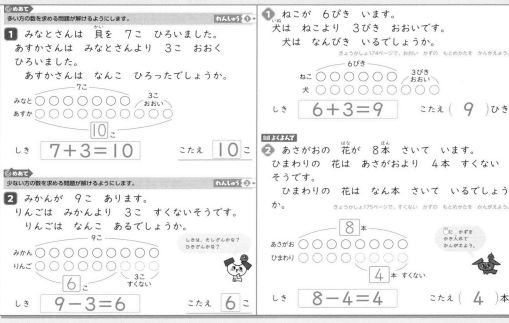

90ページ

めあて　順序を表す数の問題を、たし算で解けるようにします。　れんしゅう❶

❶ えみさんは まえから 4ばんめに います。
えみさんの うしろには 3人 います。
ぜんぶで なん人 いるでしょうか。

まえ　4ばんめ　3人
まえ ○○○●○○○
ぜんぶで 7人

○の ずに あらわして かんがえよう。

しき 4＋3＝7
こたえ（ 7 ）人

めあて　順序を表す数の問題を、ひき算で解けるようにします。　れんしゅう❷

❷ 8人 ならんで います。
けんたさんは まえから 3ばんめです。
けんたさんの うしろには なん人 いるでしょうか。

3ばんめ　8人
まえ ○○●○○○○○
3人　うしろに 5人

しき 8－3＝5
こたえ（ 5 ）人

91ページ

❶ みほさんは まえから 5ばんめに います。
みほさんの うしろには 2人 います。
ぜんぶで なん人 いるでしょうか。

きょうかしょ172ページで、もんだいの ときかたを かんがえよう。

まえ

しき 5＋2＝7　　こたえ（ 7 ）人

よくよんで

❷ 7人が じゅんばんに ゴールしました。
りくさんは 3ばんめでした。
りくさんの うしろには なん人 いたでしょうか。

きょうかしょ173ページで、もんだいの ときかたを かんがえよう。

3ばんめ 7人
ゴール ○○●○○○○
3人　うしろに 4人

ずの □に かずを かこう。

しき 7－3＝4　　こたえ（ 4 ）人

92ページ

めあて　多い方の数を求める問題が解けるようにします。　れんしゅう❶

❶ みなとさんは 貝を 7こ ひろいました。
あすかさんは みなとさんより 3こ おおく ひろいました。
あすかさんは なんこ ひろったでしょうか。

7こ　　3こ おおい
みなと ○○○○○○○
あすか 10こ

しき 7＋3＝10　　こたえ 10こ

めあて　少ない方の数を求める問題が解けるようにします。　れんしゅう❷

❷ みかんが 9こ あります。
りんごは みかんより 3こ すくないそうです。
りんごは なんこ あるでしょうか。

9こ
みかん ○○○○○○○○○
りんご 6こ　　3こ すくない

しきは、たしざんかな？ひきざんかな？

しき 9－3＝6　　こたえ 6こ

93ページ

❶ ねこが 6ぴき います。
犬は ねこより 3びき おおいです。
犬は なんびき いるでしょうか。

きょうかしょ174ページで、おおい かずの もとめかたを かんがえよう。

6ぴき
ねこ ○○○○○○　3びき おおい
犬 ○○○○○○○○○

しき 6＋3＝9　　こたえ（ 9 ）ひき

よくよんで

❷ あさがおの 花が 8本 さいて います。
ひまわりの 花は あさがおより 4本 すくない そうです。
ひまわりの 花は なん本 さいて いるでしょうか。

きょうかしょ175ページで、すくない かずの もとめかたを かんがえよう。

8本
あさがお ○○○○○○○○
ひまわり ○○○○　4本 すくない

□に かずを かき入れて かんがえよう。

しき 8－4＝4　　こたえ（ 4 ）本

ぴったり1

❶ 「○番目」のような順序を表す数は、そのままでは計算に使えないので、「前から4番目までの人数は4人」と考えて、4（人）＋3（人）と立式します。順序を表す数を集まりを表す数に置きかえて計算に使う考え方を、○を用いた図に表して、数の関係をわかりやすくすることが大切です。

❷ 「前から3番目までの人数は3人」と考えて、8（人）－3（人）と立式します。

ぴったり2

❶ 数の関係を図に表して考えましょう。

5ばんめ
5人　　2人
まえ ○○○○●○○
ぜんぶで □人

みほさんまでの人数は5人、後ろには2人いるので、たし算でぜんぶの人数が求められます。

❷ ゴールした全体の人数は7人、3番目にゴールした人までの人数は3人と考えて、7（人）－3（人）と立式し、後ろの人数を求めます。

ぴったり1

❶ ある数をもとにして、それより多い場合はたし算で多い方の数を求めます。図を参考にして、数の関係を考えさせましょう。

❷ ある数をもとにして、それより少ない場合は、ひき算で少ない方の数を求めます。図を見て、数の関係をよみ取る力をつけることが大切です。

ぴったり2

❶ 「犬はねこより3匹多い」ので、図からたし算で答えを求めることがわかります。

❷ 問題文をよく読んで、図の□に適する数を入れましょう。完成した図から、少ない方のひまわりの花の数を、ひき算で求めます。

ぴったり❸　94〜95ページ

知識・技能　　/10てん

❶ つぎの ばめんを あらわして いる ずを
　あ、いから えらびましょう。　　(10てん)

> あかい おりがみが 4まい あります。
> あおい おりがみは 赤い おりがみより
> 2まい すくないです。

あ　赤 ○○○○
　　青 ○○○○○

い　赤 ○○○○
　　青 ○○○○○（2つ薄い）

（　い　）

思考・判断・表現　　/90てん

❷ そうたさんは まえから 4ばんめに います。
　そうたさんの うしろには 6人 います。
　ぜんぶで なん人 いるでしょうか。
　ずの □に あてはまる かずを 入れて
　こたえましょう。
　　ず 10てん、しき・こたえ 1つ10てん(30てん)

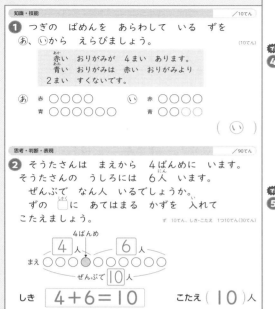

| 4ばんめ |
| （4）人　（6）人 |
| まえ ○○○●○○○○○○ |
| ぜんぶで（10）人 |

しき　4＋6＝10　　こたえ（ 10 ）人

③ ⟨よくでる⟩ ふうとうが 10まい あります。
　カードは ふうとうより 4まい すくないです。
　カードは なんまい あるでしょうか。
　　　　1つ10てん(20てん)

しき　10−4＝6　　こたえ（ 6 ）まい

⟨できたらスゴイ⟩
④ はるさんは 7人の チームで リレーに 出ます。
　はるさんの あとには 2人 はしるそうです。
　はるさんは まえから なんばんめに
　はしるでしょうか。
　　　　1つ10てん(20てん)

　　　　　はる　2人
　まえ○○○○○●○○
　　　　7人

しき　7−2＝5　　こたえ（ 5 ）ばんめ

⟨できたらスゴイ⟩
⑤ なおさんは おはじきを 4こ もって います。
　ひろとさんは なおさんより 1こ おおく もって
　います。りかさんは ひろとさんより 3こ おおく
　もって います。
　りかさんは おはじきを なんこ もって
　いるでしょうか。
　　　　1つ10てん(20てん)

しき　4＋1＋3＝8　　こたえ（ 8 ）こ

18 かたちづくり

ぴったり❶　96ページ

⟨めあて⟩
色板を使って、三角形や四角形の構成や分解ができるようにします。　⟨れんしゅう❶⟩

❶ つぎの かたちは、右の いろいたを
　なんまい つかうと できるでしょうか。

① 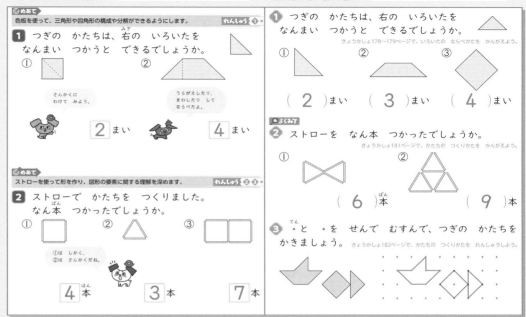　　②

さんかくに わけて みよう。　　うらがえしたり、まわしたり して ならべたよ。

　2まい　　　4まい

⟨めあて⟩
ストローを使って形を作り、図形の要素に関する理解を深めます。　⟨れんしゅう❷❸⟩

② ストローで かたちを つくりました。
　なん本 つかったでしょうか。

① □　② △　③ ▭

①は しかく、②は さんかくだね。

　4本　　3本　　7本

ぴったり❷　97ページ

❶ つぎの かたちは、右の いろいたを つかうと
　できるでしょうか。
　きょうかしょ178〜179ページで、いろいたの ならべかたを かんがえよう。

①　②　③

（ 2 ）まい　（ 3 ）まい　（ 4 ）まい

⟨よくみて⟩
② ストローを なん本 つかったでしょうか。
　きょうかしょ181ページで、かたちの つくりかたを かんがえよう。

① 　② （三角形の集まり）

（ 6 ）本　　（ 9 ）本

③ ・と ・を せんで むすんで、つぎの かたちを
　かきましょう。きょうかしょ182ページで、かたちの つくりかたを れんしゅうしよう。

ぴったり❸

❶ あの図は、「青い折り紙は、赤い折り紙より2枚多い」を表しています。

❷ 図の□に数を入れて、数の関係を考えます。「前から4番目までの人数は4人」と考えて、4（人）＋6（人）と立式し、ぜんぶの人数を求めましょう。

❸ 数の関係を図に表して考えましょう。

　　　　10まい
ふうとう○○○○○○○○○○
カード　○○○○○○（○○○○薄い）
　　　　　　　4まい
　　　　　　すくない

❹ 図から、7（人）−2（人）のひき算で、

前からはるさんまでの人数を求めます。「前からはるさんまでの人数は5人」ということから、はるさんは前から5番目に走ることがわかります。

❺
なお　○○○○　1に おおい
ひろと○○○○○　3こ おおい
りか　○○○○○○○○
　　　□こ

図に表すと、数の関係がわかりやすくなります。
ひろとさんは、4＋1＝5（個）
りかさんは、　5＋3＝8（個）

ぴったり❶

❶ 色板を使って、実際に並べてみるとよいでしょう。
②
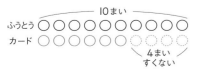

❷ 「しかく」は4本のストローで、「さんかく」は3本のストローで構成できることを理解させます。

ぴったり❷

❶ ①　　　②

③

もとの色板の形は、正方形を2つ折りにして切ってできる三角形（直角二等辺三角形）です。

❷ 印をつけながら丁寧に数え、数えまちがいがないようにしましょう。

❸ 点と点を直線で結ぶことによって、いろいろな形をつくることができます。点と点を結んだ直線は、平面図形の1辺になっていることに気づかせましょう。

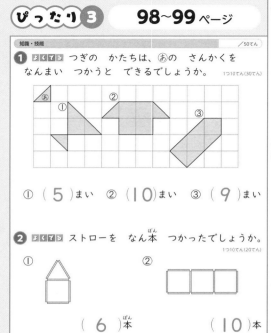

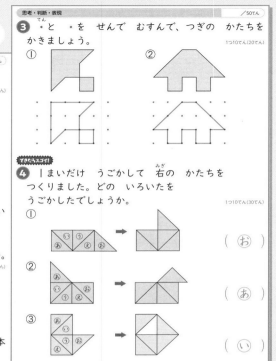

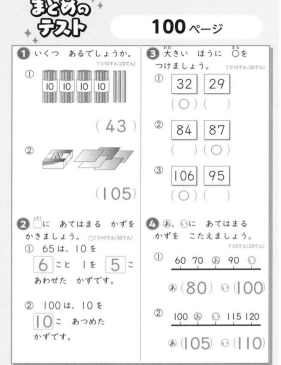

ぴったり❸

❶ ⑧の三角形2枚で、方眼のますの1つ分の正方形（ましかく）ができることを手がかりに考えさせます。

❷ 数えもれがないように、印をつけながら、ストローの数を数えさせましょう。

❸ 点と点を直線で結んで、同じ形をつくります。

❹ 次のように動かしています。

①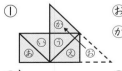

⑧をずらして⑰に移しました。

② ⑧をまわして⑰に移しました。

③ ⑤を裏返して⑰に移しました。

❶ 大きな数は、「10がいくつとばらがいくつ」で数えます。

①10の束が4つとばらが3本なので、40と3で43（本）になります。

②100枚の束が1つとばらが5枚なので、100と5で105（枚）になります。位取りをまちがえて、1005としないように注意させてください。

❷ ①65は60と5をあわせた数です。60は10を6個、5は1を5個集めた数です。

②10が10個集まると100になることを確認させましょう。

❸ ①十の位の数字に注目させましょう。十の位の数字は、10が何個あるかを表している数なので、十の位の数字が大きい方が大きい数と判断できます。

②十の位の数字はどちらも8で同じです。このようなときは、一の位の数字を比べます。

84　　87

↳7の方が大きい→87の方が大きい

③106は100より大きい数、95は100より小さい数です。このように、3けたの数は、2けたの数より大きくなります。

❹ 数の並び方（系列）の問題です。数がどのように並んでいるかを調べさせます。

①10ずつ大きくなっています。⑧は、70より10大きい数で80、⑰は、90より10大きい数で100です。

②5ずつ大きくなっています。⑧は、100より5大きい数で105、⑰は、105より5大きい数で110です。

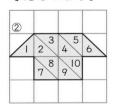

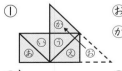

28

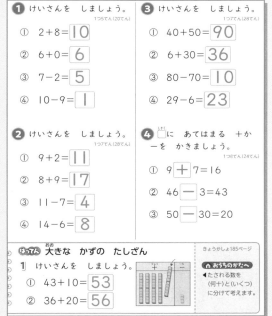

❶ けいさんを しましょう。 1つ5てん(20てん)
① 2+8=10
② 6+0=6
③ 7-2=5
④ 10-9=1

❸ けいさんを しましょう。 1つ7てん(28てん)
① 40+50=90
② 6+30=36
③ 80-70=10
④ 29-6=23

❷ けいさんを しましょう。 1つ7てん(28てん)
① 9+2=11
② 8+9=17
③ 11-7=4
④ 14-6=8

❹ □に あてはまる ＋か －を かきましょう。 1つ8てん(24てん)
① 9 + 7=16
② 46 － 3=43
③ 50 － 30=20

はってん 大きな かずの たしざん
1 けいさんを しましょう。
① 43+10=53
② 36+20=56

きょうかしょ185ページ
🏠 おうちのかたへ
◀たされる数を(何十)と(いくつ)に分けて考えます。

❶ くり上がりやくり下がりのない、10までの数のたし算・ひき算です。10までの数の合成と分解がもとになっています。確実にできるようにしておきましょう。

❷ くり上がりやくり下がりがある、たし算・ひき算です。たし算では、まず10をつくること、ひき算では、ひかれる数を「10といくつ」に分解することが基本です。

❸ ①10の束がいくつかで考えます。
　　10の束で考えると、4+5=9

で、90。
②一の位の計算は6+0=6。
　それに30を加えて、36。
③10の束で考えると、8-7=1
　で、10。
④29は20と9。
　一の位の計算は9-6=3なので、20と3をあわせて23。

❹ ①9□7=16
　答えの16は、式の最初の数9より大きい→たし算
③50□30=20
　答えの20は、式の最初の数50より小さい→ひき算
□に記号を入れたら、実際に計算して答えを確かめさせましょう。

はってん

1　2けたの数に(何十)をたすたし算です。たされる数を(何十)と(いくつ)に分けると、十の位どうしの計算をすればよいことがわかります。
①43は40と3。40と10で50。50と3で53。
②36は30と6。30と20で50。50と6で56。

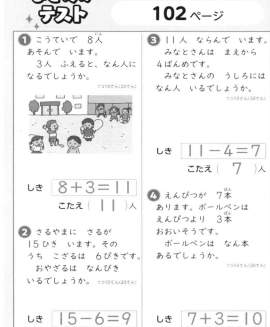

❶ こうていで 8人 あそんで います。3人 ふえると、なん人に なるでしょうか。 1つ10てん(20てん)
しき 8+3=11
こたえ (11)人

❷ さるやまに さるが 15ひき います。そのうち こざるは 6ぴきです。おやざるは なんびき いるでしょうか。 1つ10てん(20てん)
しき 15-6=9
こたえ (9)ひき

❸ 11人 ならんで います。みなとさんは まえから 4ばんめです。みなとさんの うしろには なん人 いるでしょうか。 1つ15てん(30てん)
しき 11-4=7
こたえ (7)人

❹ えんぴつが 7本 あります。ボールペンは えんぴつより 3本 おおいそうです。ボールペンは なん本 あるでしょうか。 1つ15てん(30てん)
しき 7+3=10
こたえ (10)本

えて、集まりを表す数に置きかえてから式に表します。式の意味をきちんと理解しているか確かめましょう。

❹ 数の関係がわかりやすくなるように、図に表して考えましょう。

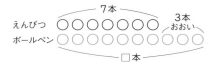

❶ 「ふえると」という言葉から、増加の場面のたし算になります。

❷ 全体の数から部分の数を求める場面のひき算です。問題を読んで、実際の場面が想定できるようになるとよいでしょう。

❸ 数の関係を図に表して考えましょう。

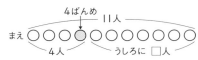

「4番目」という順序を表す数は、「前から4番目までの人数は4人」と考

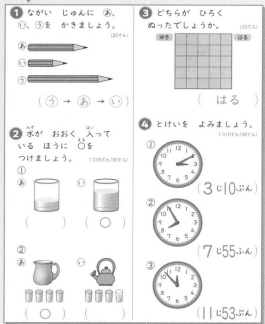

③ 方眼のますの数で広さが比べられる
ことを理解させましょう。

　　ゆき…ます 12 個分

　　はる…ます 13 個分

④ 短針が表す「時」→長針が表す「分」の
順に、時刻をよみましょう。

①短針は 3 と 4 の間にあるので「3
時」。長針は数字の 2 を指してい
るので「10 分」。

②短針は 7 と 8 の間にあるので「7
時」。長針は数字の 11 を指して
いるので「55 分」。

③短針は 11 と 12 の間にあるので
「11 時」。長針は数字の 10(50
分)から 3 分進んでいるので「53
分」。

① 長さの直接比較です。3 本の鉛筆の
左端がそろっていることを確認して
おきましょう。

② ①同じ大きさの容器に入れた水のか
　さを比べます。水面が高い方が多
　く入っています。

②同じ大きさのコップの数で比べま
　す。コップの数が多い方が水が多
　く入っています。

　あ…4 個分

　い…3 個と少し

① おうちのかたへ

プログラミングは、目的に応じてどのよ
うな動きの組み合わせが必要なのか、そ
れぞれの動きがどのような命令なのか、
どのように組み合わせればよいのか、う
まくいかない場合の原因は何か、どのよ
うに修正すればよいのかなどを繰り返し
考えることによって、論理的思考力を身
につけるための学習活動です。
ここでは、「すすむ」、「もどる」といった
2 種類の指示によって、どのようにねず
みが動くのかを考えていきます。

⭐ 12 までの進み方を指示する問題で
す。スタートをおすと、「はじめに
7すすむ」という指示がされている
ので、まず右に 7 進みます。12 ま
ではあと右に 5 進めばよいので、「5
すすむ」という指示をすれば、ねず
みはチーズまでたどり着くことがで
きます。

⭐ ⭐とは違う指示をして、12 までの
進み方を考える問題です。

　スタートをおすと、「はじめに 15
すすむ」という指示がされているの
で、まず右に 15 進みます。12 ま
ではあと左に 3 進めばよいので、「3
もどる」という指示をすれば、ねず
みはチーズまでたどり着くことがで
きます。

他にもいろいろな指示をして、ゴールま
での指示のしかたを考えてみましょう。
操作がわかりにくい場合は、ブロックな
どを使って実際に動かしてみるとよいで
しょう。

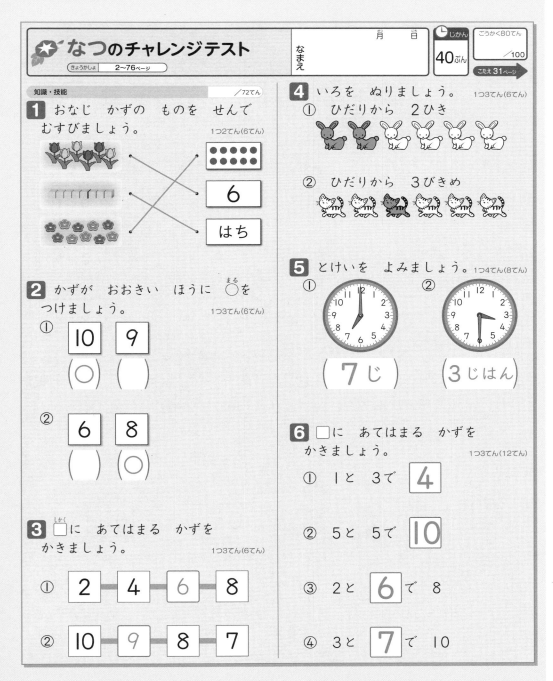

☆ なつのチャレンジテスト

きょうかしょ　2〜76ページ

月　日

なまえ

じかん　**40**ぷん

ごうかく80てん　／100

こたえ**31**ページ →

知識・技能　／72てん

1 おなじ　かずの　ものを　せんで
むすびましょう。
1つ2てん(6てん)

6

はち

2 かずが　おおきい　ほうに　○を
つけましょう。
1つ3てん(6てん)

① 10 　9
（○）（　）

② 6 　8
（　）（○）

3 □に　あてはまる　かずを
かきましょう。
1つ3てん(6てん)

① 2　4　6　8

② 10　9　8　7

4 いろを　ぬりましょう。
1つ3てん(6てん)

① ひだりから　2ひき

② ひだりから　3びきめ

5 とけいを　よみましょう。
1つ4てん(8てん)

① （**7**じ）

② （**3**じはん）

6 □に　あてはまる　かずを
かきましょう。
1つ3てん(12てん)

① 1と　3で　**4**

② 5と　5で　**10**

③ 2と　**6**で　8

④ 3と　**7**で　10

1 10までの数で、具体物と半具体物（ブロックや●の数）と数字の関係が理解できているかを確認しましょう。また、具体物を数えるときにも数えまちがいがないように、数え終わったものに印をつけるなどの工夫をすることも身につけさせてください。

2 数の大小比較をする問題です。数字だけで比較できるのが目標ですが、量感がもてないときは、おはじきやブロックなどを用いて具体的に考えさせてください。

3 数の並び方を理解しているかをみる問題です。まず、数がどのように並んでいるかを調べさせましょう。①は2ずつ大きく、②は1ずつ小さくなっています。

4 数は数量を表すだけでなく、「3番目」のように順序も表します。集まりを表す数と順序を表す数とのちがいを、しっかり理解させてください。
①左から順に、2匹のうさぎに色をぬります。
②左から3番目のねこだけに色をぬります。

5 短針で「〇時」をよみます。長針が12を指すときは「〇時」、6を指すときは「〇時半」とよむことを確認しましょう。

6 ①②は数の合成、③④は分解の問題です。

日常生活の中で、具体物を使って練習させると、理解が深まるでしょう。

31

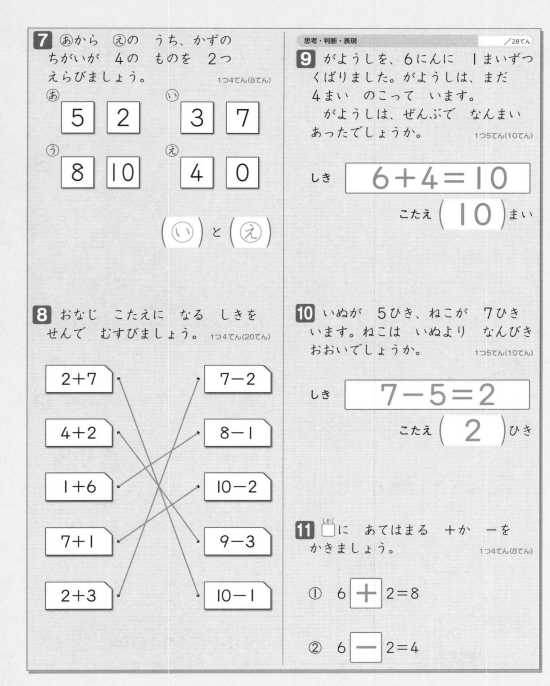

7 ⓐから ⓔの うち、かずの ちがいが 4の ものを 2つ えらびましょう。

1つ4てん(8てん)

ⓐ 5 2   ⓘ 3 7

ⓤ 8 10   ⓔ 4 0

(ⓘ) と (ⓔ)

8 おなじ こたえに なる しきを せんで むすびましょう。 1つ4てん(20てん)

2+7   7−2
4+2   8−1
1+6   10−2
7+1   9−3
2+3   10−1

---

9 がようしを、6にんに 1まいずつ くばりました。がようしは、まだ 4まい のこって います。
　がようしは、ぜんぶで なんまい あったでしょうか。 1つ5てん(10てん)

しき 6+4=10

こたえ (10)まい

10 いぬが 5ひき、ねこが 7ひき います。ねこは いぬより なんびき おおいでしょうか。 1つ5てん(10てん)

しき 7−5=2

こたえ (2)ひき

11 □に あてはまる +か −を かきましょう。 1つ4てん(8てん)

① 6 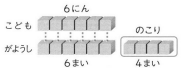 2=8

② 6 ― 2=4

---

7 数のちがいは、大きい方の数から小さい方の数をひいて求めます。

8 10までの数の、くり上がり・くり下がりのないたし算・ひき算の練習です。

2+7=9　　7−2=5
4+2=6　　8−1=7
1+6=7　　10−2=8
7+1=8　　9−3=6
2+3=5　　10−1=9

9 人の数をものの数に置きかえて、「6人に配った画用紙は6枚」と考えて式をつくります。

10 「何匹多いか」という差を求める場面のひき算です。
ひき算は、大きい方の数から小さい方の数をひいて求めます。
式を5−7=2としないように注意させてください。

11 たし算やひき算の意味がわかっているかをみる問題です。式の初めの数と答えを比べて、たし算かひき算かを判断します。

32

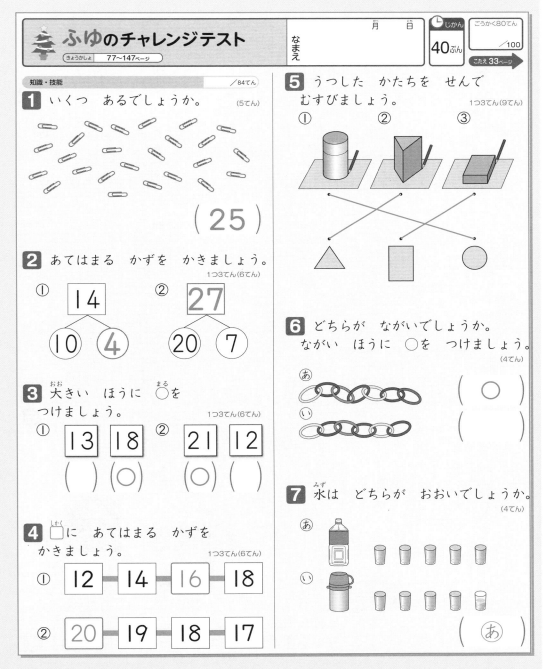

ふゆのチャレンジテスト

きょうかしょ 77〜147ページ

なまえ

月 日

じかん 40ぷん

ごうかく80てん
／100

こたえ33ページ

知識・技能 ／84てん

1 いくつ あるでしょうか。 (5てん)

（ 25 ）

2 あてはまる かずを かきましょう。
1つ3てん(6てん)

① 14
10 4

② 27
20 7

3 大きい ほうに ○を つけましょう。
1つ3てん(6てん)

① 13 18
（ ） （○）

② 21 12
（○） （ ）

4 □に あてはまる かずを かきましょう。
1つ3てん(6てん)

① 12 14 16 18

② 20 19 18 17

5 うつした かたちを せんで むすびましょう。
1つ3てん(9てん)

① ② ③

6 どちらが ながいでしょうか。
ながい ほうに ○を つけましょう。
(4てん)

あ （ ○ ）

い （ ）

7 水は どちらが おおいでしょうか。
(4てん)

あ

い

（ あ ）

右のらん（解説）

1 10ずつ線で囲むなどして、「10のまとまりがいくつと、ばらがいくつ」と数えます。

2 ①は数の分解、②は合成です。
数を「何十といくつ」と考える問題です。

3 10より大きい数の大小を考える問題です。
数の線を使って、大きさを確かめさせましょう。

4 数の並び方（系列）を考える問題です。
まず、数がどのように並んでいるかを調べます。①は2ずつ増加、②は1ずつ減少しています。

5 立体図形の平面から平面図形を写し取る問題です。実際に積み木などを使って、紙に写し取ってみるとよいでしょう。
写し取った形は左から、「さんかく」「ながしかく」「まる」です。

6 くさり1個分の長さが同じであることから、くさりの数で比べればよいことに気づかせます。

7 入れ物に入る水のかさ（容積）を、同じ大きさのコップの数で比べます。

33

8 ⓐと ⓘでは、どちらが ひろい でしょうか。 (4てん)

ⓐ

ⓘ 　

(ⓘ)

9 けいさんを しましょう。

1つ4てん(32てん)

① 10+6= 16

② 6+4+7= 17

③ 8+7= 15

④ 6+9= 15

⑤ 17-3= 14

⑥ 12-2-4= 6

⑦ 16-7= 9

⑧ 12-9= 3

10 こたえが 大きい ほうに ◯を つけましょう。

1つ4てん(8てん)

① 7+5　9+5

( )　(◯)

② 18-9　17-9

(◯)　( )

思考・判断・表現　／16てん

11 そうたさんは シールを 6まい もって います。

7まい もらうと、シールは なんまいに なるでしょうか。

1つ4てん(8てん)

しき　6+7=13

こたえ (13)まい

12 まつぼっくりを 13こ ひろいました。その うち 9こを かざりに つかいました。

のこりは なんこでしょうか。

1つ4てん(8てん)

しき　13-9=4

こたえ (4)こ

8 2辺をそろえて直接重ねることで、はみ出した方が広さ(面積)が広いことがわかります。

9 いろいろな計算練習です。

②⑥3つの数の計算は左から順に計算します。

③④くり上がりに注意して計算します。

⑦⑧くり下がりに注意して計算します。

10 それぞれのカードの式を計算してから、答えの大小を比べます。

①7+5=12

9+5=14

だから、9+5のほうが大きくなります。

②18-9=9

17-9=8

だから、18-9のほうが大きくなります。

11 「もらうと」増えるので、増加の場面のたし算です。文章から、場面を具体的に考えさせましょう。

12 「のこりは」なので、求残の場面のひき算です。

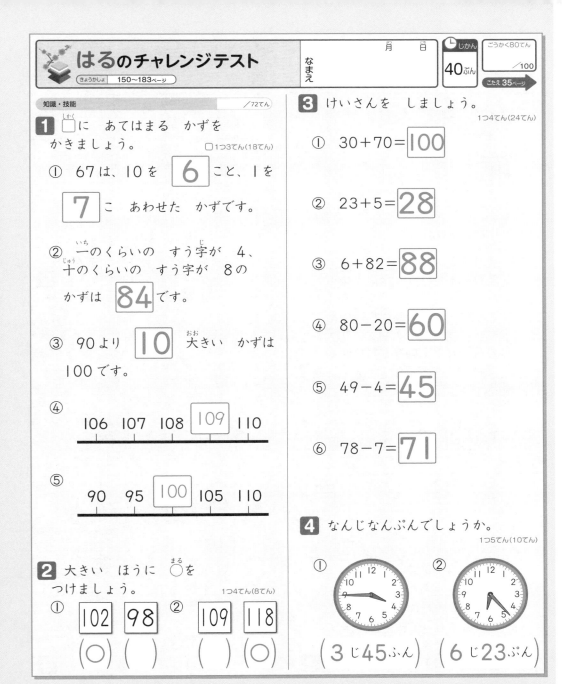

1 ①67 は、十の位の数字が6だから、10 が6個あること、一の位の数字が7だから、1が7個あることを理解しているかどうかを確認します。

②一の位の数字が先に書かれているので、48 としてしまうまちがいが見られます。

2けたの数では、十の位の数字は左、一の位の数字は右に置かれることを確認させましょう。

「十のくらい」「一のくらい」は、1年生で学習する算数用語で重要なものです。その意味を、数の構成を考えさせながらしっかり理解させましょう。

③100 という数はどんな数か、いろいろ考えさせるとよいでしょう。

④⑤数の並び方（系列）の問題です。④は1ずつ、⑤は5ずつ大きくなっています。

2 数の大小比較の問題です。

①102 は 100 より大きい数、98 は 100 より小さい数なので、102 の方が大きいとわかります。

②どちらも 100 より大きい数なので、「100 といくつ」に分けて考えます。「いくつ」の部分で大きさを比べられることに気づかせましょう。

3 ①④何十のたし算・ひき算です。10 の束で考えると、1けたの計算で求められます。

①は、3＋7＝10、10 が 10 個で 100。

④は、8－2＝6、10 が6個で60。

②③⑤⑥くり上がりやくり下がりのない2けたと1けたのたし算・ひき算です。一の位の計算で答えを求めます。

②一の位が3＋5＝8で、答えは28。

③一の位が6＋2＝8で、答えは88。

⑤一の位が9－4＝5で、答えは45。

⑥一の位が8－7＝1で、答えは71。

4 短針が「時」、長針が「分」を表していることを確認させましょう。

①短針は3と4の間なので「3時」、長針は数字9を指しているので「45 分」になります。

②短針は6と7の間なので「6時」、長針は数字4（20 分）から3つ進んだ目もりを指しているので「23 分」になります。

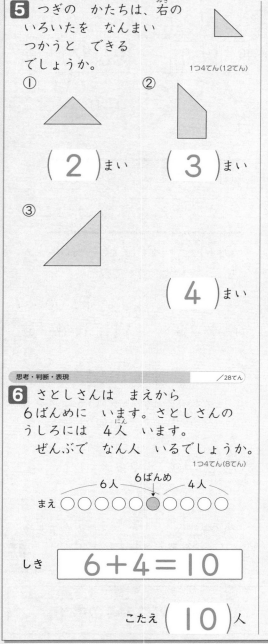

5 つぎの かたちは、右の いろいたを なんまい つかうと できる でしょうか。

1つ4てん(12てん)

① (**2**)まい ② (**3**)まい

③ (**4**)まい

思考・判断・表現　　　　/28てん

6 さとしさんは まえから 6ばんめに います。さとしさんの うしろには 4人 います。 ぜんぶで なん人 いるでしょうか。

1つ4てん(8てん)

6人　6ばんめ　4人

まえ ○○○○○●○○○○

しき | **6＋4＝10** |

こたえ (**10**)人

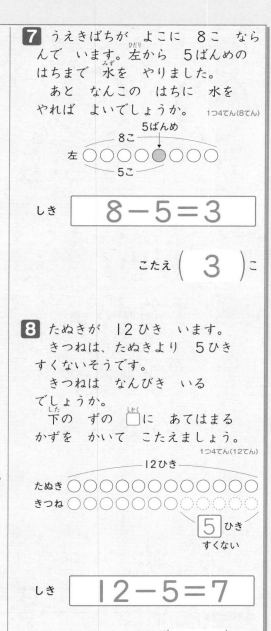

7 うえきばちが よこに 8こ ならんで います。左から 5ばんめの はちまで 水を やりました。 あと なんこの はちに 水を やれば よいでしょうか。

1つ4てん(8てん)

5ばんめ

8こ

左 ○○○○●○○○

5こ

しき | **8－5＝3** |

こたえ (**3**)こ

8 たぬきが 12ひき います。 きつねは、たぬきより 5ひき すくないそうです。 きつねは なんびき いるでしょうか。 下の ずの □ に あてはまる かずを かいて こたえましょう。

1つ4てん(12てん)

12ひき

たぬき ○○○○○○○○○○○○

きつね ○○○○○○○ ⟨⟨⟨⟨⟨

| 5 | ひき

すくない

しき | **12－5＝7** |

こたえ (**7**)ひき

5 それぞれの形を、色板(直角二等辺三角形)の形に分けてみましょう。 向きを変えたり、裏返したりして並べていることを理解させましょう。

① ②

③

6 順序を表す数「6番目」を、集まりを表す数「6人」に置きかえて計算する問題です。 「前から6番目までの人数は6人」と考えて、6（人）＋4（人）と立式して答えを求めます。 また、図に表すと、数量の関係がとらえやすくなります。図で確認させましょう。

7 図を参考にして、「左から5番目までのうえきばちの個数は5個」と考えて、8（こ）－5（こ）と立式して答えを求めます。 順序を表す数は位置を表しているので、計算をするためには集まりを表す数（数量）に置きかえなければならないことを理解させましょう。

8 ある数より多い数を求めるときはたし算、少ない数を求めるときはひき算を使います。 「きつねの数は、たぬきの数12匹より5匹少ない」ので、ひき算で答えを求めます。 ○を使った図を参考にして、文章の内容をきちんと理解することが大切です。 最終的には、文章題の内容を自分で図に表せるようになるとよいでしょう。

36

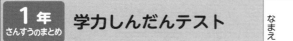

1年 さんすうのまとめ　**学力しんだんテスト**

月　日

なまえ

じかん **40**ぷん

ごうかく80てん ／100

こたえ37ページ

---

1 □に かずを かきましょう。

1つ2てん(4てん)

① 10が 3こと 1が 7こで

37

② 10が 10こで **100**

---

2 □に かずを かきましょう。

□1つ3てん(12てん)

① **44** 46 48 **50** 52

② **100** 90 **80** **70** 60

---

3 けいさんを しましょう。1つ3てん(18てん)

① 8+6=**14**　② 14−9=**5**

③ 0−0=**0**　④ 30+40=**70**

⑤ 33+4=**37**　⑥ 29−7=**22**

---

4 11人で キャンプに いきました。その うち 子どもは 7人です。おとなは なん人ですか。1つ3てん(6てん)

しき **11−7＝4**

こたえ（ **4** ）人

---

5 なんじなんぷんですか。

(3てん)

（ **2じ 45ふん** ）

---

6 あ〜えの 中から たかく つめる かたちを すべて こたえましょう。

(ぜんぶできて 3てん)

あ　　　い　　　う　　　え

（ あ、い、え ）

---

7 下の かたちは、あの いろいたが なんまいで できますか。1つ3てん(6てん)

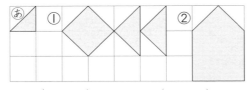

① （ **8** ）まい ② （ **10** ）まい

---

8 水の かさを くらべます。正しい くらべかたに ○を つけましょう。

(4てん)

①　　　　②

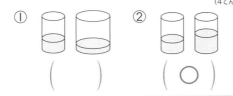

（ 　 ）　　（ ○ ）

---

1 ①10が3個で30、30と7で37です。

②10が10個で100になります。

2 与えられた数の並びから、きまりをみつけ、あてはまる数を求めます。

①2ずつ大きくなっています。

②10ずつ小さくなっています。

3 ③もとの数に0をたしたり、もとの数から0をひいたりしても、答えはもとの数のままです。

④30は10が3個、40は10が4個だから、30＋40は、10が(3＋4)個で、70です。

4 あわせて11人いるから、おとなの人数は、全体の人数から子どもの人数をひけば求められます。

5 時計の表す時刻を読み取ります。短針で何時、長針で何分を読みます。「3じ45ふん」とする間違いがよくあります。短針が2と3の間にあることに注意しましょう。

6 あとえは、箱の形、いは筒の形で、重ねて積み上げることができます。答えの順序が違っていても正解です。

7 図に線をひいて考えます。四角1マス分の形は、あの色板2枚でつくることができます。

8 同じ大きさの容器を使うと、入った水の水面の高さで比べることができます。

9 どうぶつの かずを しらべて せいりしました。

1つ4てん(8てん)

うし	さる	うさぎ	ねずみ

① いちばん おおい どうぶつは なんですか。

（ ねずみ ）

② いちばん おおい どうぶつと いちばん すくない どうぶつの ちがいは なんびきですか。

（ 3 ）びき

10 バスていで バスを まって います。

1つ4てん(12てん)

① まって いる 人は 7人 いて、みなとさんの まえには 4人 ならんで います。みなとさんは うしろから なんばん目ですか。

うしろから 3 ばん目

② バスが きました。バスには はじめ 3人 のって いました。この バスていで まって いる 人みんなが のり、つぎの バスていで 5人が おりました。バスには いま なん人 のって いますか。

しき 3＋7－5＝5

こたえ（ 5 ）人

活用力をみる

11 かべに えを はって います。□に はいる ことばを かきましょう。

□1つ4てん(16てん)

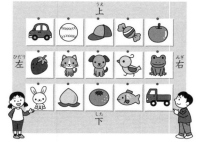

① さかなの えは みかんの えの
右 に あります。

② いちごの えは 車の えの
下 に あります。

③ 犬の えは （れい）みかん の えの
上 に あります。

12 ゆいさんと さくらさんは じゃんけんで かったら □を 1つ ぬる ばしょとりあそびを しました。どちらが かちましたか。その わけも かきましょう。

1つ4てん(8てん)

■…ゆいさん
■…さくらさん

かったのは（ さくら ）さん

わけ（（れい）さくらさんの ほうが ぬった □の かずが おおいから。）

9 数がいちばん多いのはねずみで、いちばん少ないのはさるです。
絵グラフの高さから、いちばん多い動物、いちばん少ない動物を読み取ります。

10 ①みなとさんは前から5番目だから、みなとさんの後ろには2人並んでいます。
②3＋7＝10、10－5＝5と2つの式に分けていても正解です。

11 右、左、上、下を使って、ものの位置をことばで表します。
③犬の位置を表します。
「ぼうしのえの下」、「ねこのえの右」、「とりのえの左」と答えていても正解です。

12 わけは、さくらさんのほうが、塗った□の数が多い（塗った場所が広い）ことが書けていれば正解です。
ゆいさんが12個、さくらさんが13個□を塗っていると、具体的な説明がついていても正解です。

メモ